高等院校早期教育（0-3岁）专业系列教材
中国学前教育研究会教师专业发展委员会组织编写

婴幼儿心理发展理论

主编 钱 文

上海科技教育出版社

图书在版编目(CIP)数据

婴幼儿心理发展理论/钱文主编.—上海:上海科技教育出版社,2019.3
高等院校早期教育(0—3岁)专业系列教材
ISBN 978-7-5428-6926-5

Ⅰ.①婴… Ⅱ.①钱… Ⅲ.①婴幼儿心理学-高等学校-教材 Ⅳ.①B844.12

中国版本图书馆CIP数据核字(2019)第007790号

责任编辑　邱志华　王　婷
封面设计　符　劼

婴幼儿心理发展理论
钱　文　主编

出版发行	上海科技教育出版社有限公司
	(上海市柳州路218号　邮政编码200235)
网　址	www.sste.com　www.ewen.co
经　销	各地新华书店
印　刷	常熟华顺印刷有限公司
开　本	787×1092　1/16
印　张	10
版　次	2019年3月第1版
印　次	2019年3月第1次印刷
书　号	ISBN 978-7-5428-6926-5/G·4009
定　价	32.00元

高等院校早期教育（0—3岁）专业系列教材编写委员会名单

主 任 张明红 郑健成

委 员 （以姓氏拼音为序）

贺永琴 康松玲 凌 玲

刘 馨 马 梅 皮军功

钱 文 师宇楠 孙 杰

王 婷 叶平枝

总 序

0—3岁是人生的开端,是个体发展的起点,是教育的启蒙初始和最基础阶段。心理学、脑科学等研究表明,0—3岁是大脑、语言、精细动作等发育最快、可塑性最强的关键期,遵循0—3岁婴幼儿身心发展的特点与规律,为婴幼儿提供适宜的发展与教育条件,才能起到事半功倍的效果。重视0—3岁儿童的早期发展与教育已逐渐成为世界学前教育发展的重要趋势。21世纪初,我国政府开始加大对早期教育的关注程度和投入力度。《中国儿童发展纲要(2001—2010年)》对2001年到2010年的0—3岁婴幼儿教育发展提出了目标和策略措施。2003年,教育部等部委颁布的《关于幼儿教育改革与发展的指导意见》明确提出要"全面提高0—6岁儿童家长及看护人员的科学育儿能力"。《国家中长期教育改革和发展规划纲要(2010—2020年)》在学前教育发展任务中也强调提出要"重视0—3岁婴幼儿教育"。

我国第六次人口普查数据显示,0—3岁人口约7 000万。同时,二孩人口生育政策的实施,势必会带来未来几年内新生人口的增长,必然会带来社会、经济和教育等各个层面的影响;人们对0—3岁婴幼儿早期教育重要性的重视程度越来越高,无疑也会给0—3岁婴幼儿早期教育的发展提出新的要求。科学、健康的早期教育需要高素质、专业的早教教师队伍。截至2017年,教育部已批准54所高专、高职院校开办早期教育专业。如何加快推进0—3岁早期教育专业建设,规范0—3岁早期教育专业课程与教材建设,尽快培养和培训一批专业化程度较高的0—3岁早教教师队伍,从而引领科学和高质量的婴幼儿早期教育,是一个亟待研究解决的现实问题。

针对这一现实需求,中国学前教育研究会教师发展专业委员会组建了早教教师委员会,于2015年、2016年分别召开了早期教育专业建设研讨会、早期教育课程与教材建设工作推进会,积极组织全国有关领域的专家学者、已经开设和准备开设早期教育专业的高专、高职院校相关负责人深入研究制定早期教育专业人才培养方案,并组织华东师范大学、北京师范大学、广州大学、天津师范大学、哈尔滨幼儿师范高等专科学校、福建幼儿师范高等专科学校、贵阳幼儿师范高等专科学校、国家卫健委(原国家卫计委)等有关院校和政府部门的专业人员组成了早期教育专业课程与教材建设专家委员会,组建了由部分幼高专、卫生、保健等专业人员组成的早期教育专业课程建设与教材编写委员会领导小组,围绕0—3岁早期教育专业的核心课程建设,精心组织研究编写了这套0—3岁早教系列教材,由上海科技教育出版社出版。相信这套教材的编写与出版,不仅可以为已经开设、准备开设和拟加强早期教育专业建设的有关培养院校与机构提供0—3岁早期教育专业课程建设的试用、使用和实验参考,也能成为在幼儿园、早教机构、社区早教基地等相关机构从事早期教育、早期保育护理工作、早期家庭教育指导、早教管理与科研的教育者和工作者的参考用书。同时，也期望使用本教材的院校、培养培训单位和教育工作者能够根据实践，不断补充、修改和完善，共同推进0—3岁早期教育专业的课程与教材建设。

中国学前教育研究会教师发展专业委员会

洪秀敏

2017年7月于北京师范大学

前言

对于学科而言,理论的作用就像一个核心与灵魂。不同理论可以让学生从不同视角来审视问题,从而发现不同的答案。与此同时,理论还能促进学生将习得的知识进行梳理、分析、整合与归纳,在此过程中,学生除了巩固所学知识之外,更能形成对学科更为深入的理解,并将其用于指导实践。

本书是早期教育专业理论课程中的一门,其先导课程包括了普通心理学、婴幼儿发展心理学和婴幼儿教育实习的相关课程,即本课程的学习者应该已经具备了一定的与早期教育相关的理论知识与实践经验。作为婴幼儿(发展)心理学的后期课程,婴幼儿心理发展理论这门课在前期分领域描述婴幼儿发展特点与规律的基础上,从理论流派的视角出发来刻画儿童整体发展的规律与机制。

儿童心理学是心理学领域中从业人数最多的学科,产生了众多的理论。由于儿童心理学在整个心理学研究中占据了重要位置,几乎所有的心理学流派都对儿童发展的问题有着自己的观点,因此现代心理学中关于儿童心理发展的理论也呈现出流派纷呈、各抒己见的态势。结合早期教育的特点,本书选择了六个基本的理论流派,分别阐述这些理论对于儿童心理发展的特点、趋势、过程和机制的观点。所选择的六个发展理论流派包括成熟势力理论、精神分析理论、行为主义理论、日内瓦学派、社会文化历史学派和习性学理论。每个理论的学习包括理论背景、与早期教育相关的理论要义,以及理论评析。在阐述理论的过程中,尽量与早期教育的实践相联系,或解释发展中的某种现象,或辅之以早期教育实践中的案例,以求理论与实践的联结。

在此应说明,理论是一个系统,心理的发展有着时间上的连续性,很多理论研究的年龄跨度是从0岁到老年阶段,专门针对0—3岁婴幼儿的心理发展理论几乎没有。书中的阐述与举例没有局限在0—3岁,而是将"婴幼儿"的概念延伸到了幼儿园。一方面,笔者认为这样的延伸更有利于读者对理论的理解与掌握,另一方面,即使是早期教育教师,也应该对整个幼儿阶段的心理发展有所了解。

理论性课程一直是教学中的难点,学生容易觉得与自己的生活相去甚远。因此,学习本课程的第一个方法就是与一线相关联。无论是学生的学习,还是教师的教学,一定要始终思考这样的问题:幼儿在幼儿园或早教机构中的某种现象可以用哪些理论来解释?不同理论的解释有何不一样?这些心理学理论在幼儿园中应该如何应用?例如,对幼儿的大小便训练,用行为主义的方法该如何进行?在精神分析理论指导下,大小便训练又应该注意哪些方面?另外,这门课如果能与实习相关联,那么对于学生更好地掌握课程内容,提高学习兴趣将有极大的帮助。

学习本课程的第二个方法是加强自主学习。本书无论是在选择理论流派，还是在各个流派观点的具体呈现上，均遵循了简略原则，即只选择与早期教育相关的那部分内容，或者是最重要的观点，而并没有完整地呈现各个理论的全貌。学生可以选择自己感兴趣的内容进行自主学习，以丰富学习内容，加深对理论的全面把握。

本书力图将婴幼儿心理发展的相关知识理论化，力争在较为准确、全面地介绍当今发展理论的基本概念和观点的同时，让学生能够系统地理解儿童发展的过程及其机制，从而形成科学的儿童观。希望本课程能够为早期教育的实践提供理论基础与指导。

本书各章的编写人员如下：钱文编写第一章婴幼儿心理发展理论的基本问题、第六章社会文化历史学派；钱文、刘岩编写第二章成熟势力的发展理论；吴莹婕编写第三章行为主义发展理论；刘岩编写第四章精神分析发展理论；钱文、吴莹婕编写第五章认知发展理论；钟燕编写第七章习性学的发展理论。欢迎各位专家与同行批评指正！

钱　文

2018年9月于华东师范大学

目 录

- 1 第一章 婴幼儿心理发展理论的基本问题
  - 1 第一节 婴幼儿心理发展理论的概念
  - 4 第二节 婴幼儿心理发展理论的基本问题
  - 7 第三节 婴幼儿心理发展理论的意义

- 11 第二章 成熟势力的发展理论
  - 11 第一节 成熟势力发展理论的背景及其代表人物
  - 14 第二节 成熟势力发展理论的基本观点
  - 19 第三节 对成熟势力发展理论的评析

- 23 第三章 行为主义发展理论
  - 23 第一节 行为主义发展理论的背景及其代表人物
  - 29 第二节 行为主义发展理论的基本观点
  - 44 第三节 对行为主义发展理论的评析

- 48 第四章 精神分析发展理论
  - 48 第一节 精神分析发展理论的背景及其代表人物
  - 54 第二节 精神分析发展理论的基本观点
  - 77 第三节 对精神分析发展理论的评析

- 83 第五章 认知发展理论
  - 83 第一节 认知发展理论的背景及其代表人物
  - 88 第二节 认知发展理论的基本观点
  - 107 第三节 对儿童认知发展理论的评析

- 114　第六章　社会文化历史学派
  - 114　第一节　社会文化历史学派的背景及其代表人物
  - 117　第二节　社会文化历史学派的儿童发展理论
  - 127　第三节　对社会文化历史学派的评析

- 131　第七章　习性学的发展理论
  - 131　第一节　习性学的发展理论背景
  - 134　第二节　习性学发展理论的基本观点
  - 143　第三节　对习性学发展理论的评析

- 147　参考文献
- 150　后记

第一章 婴幼儿心理发展理论的基本问题

学习目标

1. 理解发展、理论、婴幼儿心理发展理论的概念。
2. 熟悉婴幼儿心理发展理论的基本问题。
3. 理解婴幼儿心理发展理论的意义。

第一节 婴幼儿心理发展理论的概念

在开始各个婴幼儿心理发展理论的学习之前,首先要明确与本课程相关的几个概念:发展、理论、发展理论。

一、什么是发展

（一）发展的定义

在心理学中,发展是由一种新结构的获得,或从一种旧结构向一种新结构的转化所组成的过程。简单地说就是,发展是一种个体身心连续变化的过程,具有不可逆性和稳定性的特征。我们可以从以下三个方面来理解发展的含义。

第一,发展是一种变化,而且这种变化是不可逆的。例如刚出生的婴儿会转头,但是不会自己在床上转动身体,慢慢地,婴儿开始会由侧卧转为仰卧,再由仰卧转为侧卧,最后学会了自由翻身。这个变化过程就是婴儿早期动作发展的体现,而且婴儿一旦学会了新的身体动作就不会倒退。

第二,发展是在个体内部发生的,发生在个体之外的变化不是发展。例如:幼儿学会了用勺子吃饭,这是发生在个体本身,而不是个体之外的变化,属于发展;幼儿从教室跑到操场,这个变化是空间的变化,是发生在个体之外的变化,就不能称之为发展。

第三,发展是一种连续而稳定的变化。比如幼儿在会坐以后,渐渐会爬,然后会站立、走路。这个过程就是一个发展过程,既有连续性,又有稳定性,而且还是发生在个体内部的不可逆的过程。再比如，感冒虽然也是发生在个体内部的变化，也具有连续性，但是人一旦痊愈，感冒的症状就消失了，是不稳定的，所以感冒虽然也是一种身体内的变化，但绝不是发展。

（二）发展的阶段

由上述发展的定义我们可以得出一个推论：人的一生都处在不断的发展之中，不同的年龄阶段所经历的变化是不一样的。在发展心理学中，研究者通常根据年龄将人的发展划分为不同的阶段，每个阶段经由发展所获得的能力是不一样的。通常儿童的发展被划分为以下五个阶段。

1. 胎儿期（the prenatal period）

从受精卵形成到出生，由单个细胞的机体发展为婴儿。

2. 婴儿和学步期（infancy and toddlerhood）

从出生到2岁。这一阶段婴幼儿的身体和大脑均发生了显著的变化，运动、感知觉、认知、情绪等方面都有极大的进步。该阶段还是语言的形成期，并展现出社会性，开始与他人形成亲密关系。

3. 儿童早期（early childhood）

2—6岁。在这一时期，儿童的身体长得更高。运动技能方面，无论是大肌肉动作还是小肌肉动作，都能更好地控制。儿童喜欢游戏活动，游戏的发展经历了从独自游戏到平行游戏，再到合作游戏。语言方面已经能够用母语自如地交流沟通，同时开始具有初步的社会交往技能与道德认知。

4. 儿童中期（middle childhood）

6—11岁。这一阶段的儿童具有更强的学习能力和运动能力，思维开始具有可逆性，逻辑性也大大提高。通过学习，儿童具有基本的读写技能。同时，儿童的自我评价、社会交往技能也更加成熟。

5. 青少年期（adolescent）

11—18岁。该时期最大的特征就是随着青春期的到来，儿童开始向成人过渡，身体发展趋于成熟，思维更加抽象化，开始形成自己的价值观，并开始思考自己未来的目标。

不同国家、不同文化中对于发展阶段的划分是有所差异的，本课程中所说的婴幼儿阶段和早期教育阶段是指从婴儿出生到儿童早期，即0—6岁。

（三）发展的领域

为了更清晰而系统地描述人的发展变化，儿童心理学通常将发展划分为三个领域：身体发展、认知发展、情绪和社会性发展。

1. 身体发展

躯体的大小、比例和机能、外表、感知、运动能力等方面的变化。

2. 认知发展

智力方面的变化，包括注意、记忆、问题解决、想象和创造能力、语言等。

3. 情绪和社会性发展

情绪交流、自我意识、人际交往技能、道德推理和行为等方面的变化。

虽然研究者常常以划分领域的方式来描述儿童的发展，但是各个领域之间并不是分离的，它们是相互交织、相互影响的。例如，幼儿认知能力的发展会影响其社会性领域的发展，一个不能认知到他人的想法会和自己不一样的孩子，他的人际交往技能也会受到极大的限制。

本课程接下来要学习的发展理论，有的主要关注了某一个发展领域，有的则关注了几个发展领域。在学习的时候要注意各个理论所侧重的发展领域。

二、什么是理论

要解释清楚什么是理论有一定的难度，但是要形象地描述理论是如何产生的却不那么困难。一般而言，理论的产生有两个来源。一个是千百年来人们对于某一主题的思考，并由此产生的思想观念体系，例如马克思通过对生产关系与生产力水平之间关系的思考，由此而产生了他的相关哲学思想。另一个是与此主题相关的科学研究，例如马克思和恩格斯等人通过考察不同的社会形态，研究了社会形态的变化与生产关系、生产力水平之间的关系。理论即为思想与研究相结合的产物。

鉴于此，理论就是可以用来描述、解释和预测行为的有序而完整的陈述。换言之，理论即为对某一主题的描述、解释和预测。下面我们通过分析著名的敏感期理论来进一步理解理论的定义。

所谓敏感期是有机体发展中的一种特殊现象，是指特定能力和行为发展的最佳时期，在这一时期，个体对形成某种能力和行为的环境影响特别敏感，可以轻松地获得敏感对象的相关知识和技能。敏感期的产生既不完全取决于儿童神经系统的成熟，也不完全取决于环境的刺激条件，而是两者交互作用的结果。错过了敏感期，虽然补救性教育措施仍有一定的效果，但是与敏感期的学习相比，敏感期之外的学习具有少、慢、差、费的特征。

由此可以看出，敏感期理论的描述作用体现在描述了处于某个敏感期的儿童的特征——"可以轻松地获得敏感对象的相关知识或技能"；解释作用体现在提出了儿童在敏感期内会有如此现象的原因假设——"敏感期的产生既不完全取决于儿童神经系统的成熟，也不完全取决于环境的刺激条件，而是两者交互作用的结果"；预测作用体现在预测了儿童错过敏感期后，针对该敏感对象的学习行为特征——"错过了敏感期，虽然补救性教育措施仍有一定的效果，但是与敏感期的学习相比，敏感期之外的学习具有少、慢、差、费的特征"。

三、什么是婴幼儿心理发展理论

所谓婴幼儿心理发展理论是论述0—6岁儿童发展的全过程和探讨其发展机制的理论。

具体而言，婴幼儿心理发展理论描述了一个或几个发展领域的变化过程，探讨了发展领域之间的变化关系，解释了影响发展的因素和机制，预测了发展对行为的影响。

儿童发展的科学研究，或者说儿童发展心理学的独立，虽然时间不长，从19世纪末20世纪初才刚刚开始，但是经过研究者们的辛勤耕耘，涌现出了众多关于儿童发展的假设和观点，这些假设和观点经过多次的科学验证，具有跨时间的持久性，最终发展成了相关的理论。因此，理论具有持久性和可重复性。

纵观儿童发展领域中出现过的林林总总的理论，如果将这些理论与心理学的发展历程相关联，关于儿童心理发展的理论主要包括如下几类：

——成熟势力的理论；

——行为主义的发展理论；

——精神分析理论；

——认知发展理论；

——社会文化理论；

——习性学的发展理论。

上述各儿童心理发展理论会在后面的章节中一一介绍。这些理论对发展的实质、儿童是如何发展的，以及影响发展的决定因素等基本问题的回答是不一样的。在开始学习这些理论之前，需要记住以下两点。

首先，虽然这些理论在发展的基本问题上观点不一，但是没有对与错、优与劣之分，只是看问题的立场不同。

其次，这些理论能够解释的儿童发展中的现象是不一样的，但是迄今为止没有一个发展理论能够解释儿童发展中的全部现象。

儿童发展是一个复杂的、整合的过程，儿童的身体、认知、语言、社会性和情绪情感等方面一直都在发展变化中，且每个儿童所处的环境不同，因此要完整地解答儿童发展中的所有问题，是一项十分艰巨的任务。

第二节 婴幼儿心理发展理论的基本问题

虽然诸多儿童心理发展理论审视儿童发展的视角各不相同，能够解决的问题也不一样，但是所有的理论都会在发展的基本问题上给出自己的答案，正因为如此，这些理论才得以组织在一起。

儿童心理发展过程中一直存在着三个最基本的问题：① 心理发展的实质是什么；② 发展的过程是连续的还是非连续的；③ 遗传和环境（先天和后天）对发展而言哪个更具影响力。下面将就此三个问题逐一进行讨论。

一、心理的实质

心理的实质其实是一个哲学问题，抛开烦琐的哲学术语，用最简洁的话来描述，所谓心理的实质就是从心理学的角度来揭示人的本质。在心理学家眼中，关于人的本质可以从两个层面来分析。第一个层面是：我们如何看待人的发展？其发展的动力来源于何处？是将人作为一个鲜活的、有生命力的有机体，还是将其当作一种内部静止的、必须有外力推动的机器？这就是机械论和机体论之争。第二个层面是：把人置于何种情境中来看待？是将其作为一个独立的个体看待，还是将其放在社会的背景中看待？

（一）机械论与机体论

在机械论的观点中，人的发展动力由外部环境来推动，内部是静止的，儿童发展的决定因素是环境，环境中提供的各种刺激是发展的原动力。在此观点下，儿童是可以被塑造成成人理想中的模式的。例如许多幼儿园老师都相信，一个不喜欢在集体面前表达的幼儿，只要引导得当，积极鼓励，他就可以学会在其他孩子面前发表自己的见解，这种观点就是典型的机械论的心理实质观。这种心理实质观推崇外部环境、父母的期望、教师的态度等对儿童发展的影响。

与机械论相反的是机体论。机体论将人看作是一个生命系统，人的发展来源于内部的动力。在此观点下，教育应该建立在尊重儿童原有发展特质的基础上。例如对于一个天生性格内向的孩子，教师应该尊重他的天性，以适当的方式鼓励他发表自己的见解，但是并不试图去改变他的性格特征。机体论虽然强调人的主观能动性，但同时也承认环境对发展的作用，即发展离不开环境，儿童通过对环境中的刺激进行过滤和组织，在主观能动作用下来达成自身的发展。

（二）单独的个体与社会中的个体

传统的心理学往往将心理学的研究局限在实验室当中，用设计精良的实验操控被试，让被试在实验室条件下解决人为创设的各种问题，做出种种反应。这样得到的结论往往是与真实的社会生活情境相脱离的。行为主义发展理论便是将人当作单独个体进行研究的一个代表。

但是人是具有高度社会性的存在，越来越多的心理学家开始意识到必须研究社会环境中的人，这样才能更好地揭示人的发展。于是，包括精神分析的后继研究者在内的一大批心理学家开始把社会文化等作为自己研究的背景，探讨社会文化对人的发展的影响，其中维果斯基的理论便是这一倾向的典型。

应该说，将人视为单独的个体来研究人的发展也能够揭示出人自身发展的规律，而研究处于一定社会文化之中的个体，更能描述出真实情境中个体发展的特征。

二、发展的连续性与非连续性

在婴幼儿的世界里，每天都在发生着令人啧啧称奇的事。一岁多的幼儿昨天还只是到处爬着探索周围的世界，今天突然会走路了；两岁的幼儿一本正经地说出"总而言之"……

儿童的发展过程究竟应该如何刻画呢？是一条蜿蜒而上的山路，还是步步上升的阶梯？对此，发展心理学家们有两种不同的看法。

（一）连续的发展

一些心理学家认为发展是连续的。所谓连续的发展，指发展是一个相对平稳的、连续的过程。如图1-1，发展只是数量上的增减并没有达成一个质的变化。连续的发展好比登山，一步一步蜿蜒向上，后面的一步总是建立在前面一步的基础上。在婴幼儿发展过程中，量变的过程随处可见，幼儿一岁半左右开始的词汇量"爆炸"期就是一个很好的例子，幼儿开始学会越来越多的词汇，句子结构也从单词句、电报句慢慢发展为简单句，直至复句。语言的这种发展就是一个量变的过程。

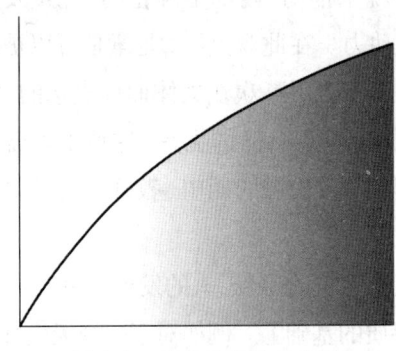

图1-1　连续的发展示意图

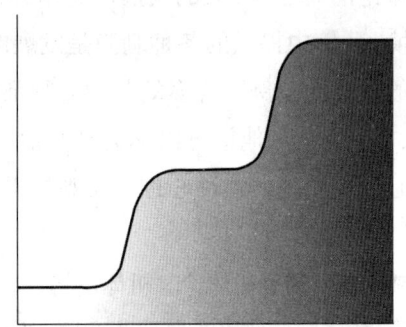

图1-2　非连续的发展示意图

（二）非连续的发展

另一些发展心理学家则认为发展是以非连续的、阶段化的形式出现的。当儿童迈向一个新的发展水平，他们的变化极为快速，就像在攀登阶梯一样（见图1-2），而一旦登上了这个阶梯，接下来的一段时间内他们的发展又会变得比较平缓。这种非连续性的发展是一个质变的过程，在这个过程当中儿童的发展获得了质的飞跃。皮亚杰在其理论中描述了儿童认知发展的四个阶段，当儿童从一个阶段进入到下一个阶段时，发展的轨迹呈现出阶梯状的态势，发生了质变。

持连续发展观点的心理学家更多是看到发展的连续性和渐进性的一面，持非连续发展观点的心理学家更关注发展的阶段性和间断性的一面。其实，总体而言，发展应该是一个从量变到质变的过程，既有连续性又有阶段性。但是对于某一种具体技能，例如小肌肉动作技能的发展而言，其发展过程可能更符合连续发展的观点。

三、遗传和环境的作用

任何发展理论都不能回避的一个问题就是：遗传和环境哪一个对发展的影响更为重要？这是一个非常古老的问题，也被称为先天与后天之争。所谓先天是指天生的生物性状，也就是个体从父母那里获得的遗传信息；所谓后天是指出生前后影响个体发展的自然环境或者生活环境中的一些复杂因素。

时至今日,可能已经没有研究者单纯地认为是只是遗传,或者只是环境对发展起决定性的作用。绝大多数研究者都认为是遗传和环境的相互作用对发展有着决定性的影响,即儿童心理发展是遗传与环境相互作用的产物。具体表现在以下三个方面。

第一,遗传与环境对心理发展的作用是相互制约、相互依存的。环境对于某种行为的发生、发展能否起作用,起多大作用,往往依赖于这种行为的遗传基础;而遗传的天赋在多大程度上能发挥出来,也依赖于儿童成长的环境。例如,要把儿童培养成为一个出色的音乐家,除了在环境中给他提供充足的教育资源之外,这个儿童最终能否成才,还依赖于他的天赋潜能。同理,一个音乐天赋出色的孩子,如果一生没有接触过任何乐器,那么他是不可能成为一名出色的演奏家的。

第二,遗传与环境的作用是相互渗透、相互转化的。从进化论的角度来看,人与生俱来的某些遗传特性就是有机体与环境长期相互作用的结果。也就是说,遗传本身就包含着对外界环境的适应。例如,有研究表明,人类都具有一种"婴儿面孔偏好",具体表现为当人类看见新生儿时,会不由自主地产生喜悦之情,从而会做出关爱新生儿的种种举动。这种偏好虽然是遗传的,但却是人类这个物种早期在严酷的生存环境中,为了种族繁衍而发展并保留下来的,是适应环境的产物。

第三,遗传与环境对心理发展的作用不是自始至终固定不变的。不同阶段、不同性质的心理机能受遗传和环境的影响是有所不同的。例如在早期的发展中,一些较简单的心理机能(如动作、感情)受遗传的制约比较大,而一些比较复杂的高级心理机能(如高级情感、抽象思维能力)则受环境教育的影响比较大。

总之,关于先天和后天对发展而言哪个更重要,现在人们已经普遍有这样的共识:遗传因素决定了发展的潜在可能范围;环境因素决定了个体在发展可能范围内的现实水平。

第三节 婴幼儿心理发展理论的意义

对未来的幼儿教育工作者而言,婴幼儿心理发展理论的学习是非常重要的。

首先,心理发展理论为我们观察儿童提供了依据,为我们解决遇到的问题提供了指导和说明。例如,随着二孩政策的实施,越来越多的长子女在成长过程中遇到了新的问题,当他们被告知即将要成为哥哥或姐姐的时候,他们的内心其实是非常不安与焦虑的。许多孩子会突然出现一些诸如非常黏人、没有安全感、外出要父母抱、睡觉要睡在父母床上等行为。此时我们应如何理解孩子的这些行为呢?弗洛伊德的精神分析理论中关于儿童发展的停滞或退化理论就有助于我们深入分析孩子这些行为背后的原因,并能有针对性地给出指导和说明。

其次，理论对实践有重要的指导作用，只有在理论指导下的实践活动才是不盲目的。理论由于经受了严密的逻辑论证与反复的实践检验，因此具有抽象性与客观性，对现实中的许多问题具有指导作用。我们在行动之前，如果能够运用所学的理论去指导我们的实践，那么实践活动将会避免许多失误。

最后，理论能够为研究提供指导。早期教育教师在帮助幼儿成长的同时，自己也是一名研究者，研究幼儿成长的特征与规律，研究与幼儿发展相匹配的教学，研究自身专业成长的规律，等等。无论何种研究，都必将以理论为基础，理论能为研究提供广阔的理论背景和适当的运用范围，理论能帮助研究者鉴别研究的空白点，理论还能使研究者找到自己项目的理论归宿，而发展理论正是我们研究幼儿的基础。

本 章 小 结

本章主要界定了婴幼儿心理发展理论这门课程中的几个关键概念——发展、理论和心理发展理论，厘清了心理发展理论作为基础理论课的几个基本概念。在此基础上，探讨了儿童发展的心理实质、发展的连续性与非连续性、发展中遗传与环境的作用等发展理论中的基本问题，不同的理论对于上述三个发展问题的观点是不同的。本章还就婴幼儿心理发展理论的学习意义进行了归纳，为后继学习提供了基础。

延 伸 学 习

 拓展阅读

遗传与环境对心理发展作用的学说

从科学的心理学创建以来的心理学史来看，关于遗传和环境问题的争论大体经历了三个时期：20世纪初叶，问题的提法是一种非此即彼的绝对二分法，即"是谁起决定作用"，遗传乎？环境乎？ 20世纪中叶开始注意到遗传和环境二者都是必不可少的条件，同时开始研究分析各自的作用，"各起多少作用"；发展到现代，由于遗传与环境的科学研究的深入，越来越显示二者的复杂关系，因而这个问题就进入到探究二者是"如何起作用"，分析二者的相互制约的关系。

第一个时期，可以作为两个极端理论的代表的是大家所熟识的遗传决定论和环境决定论。优生学的创始人，英国的高尔顿是"遗传决定论"的鼻祖；行为主义的创始人华生是"环境决定论"的主要代表。遗传决定论的论点是强调遗传在心理发展中的作用，认为个体的发展及其个性品质早在生殖细胞的基因中就决定了，发展只是这些内在因素的自然展开，环境与教育仅起一个引发的作用。高尔顿曾在《遗传的天才》(1869)一书中写道："一个人的能力乃由遗传得来，其受遗传决定的程度如同机体的形态和组织之受遗传决定一样。"他

从大量的名人传记和家谱考察中得出名人家族中出名人的比率大大地超过了一般人,从而认为这就是能力受遗传决定的证据。高尔顿的名人家谱调查是从英国的名人(包括政治家、法官、军官、文学家、科学家和艺术家等)中选出977人,调查他们的亲属(有血缘关系)中有多少人与他们同样著名。结果是:他们的父子兄弟中有332人也同样出名。而另一个对照组,即所谓的一般的平常人(人数相等),结果在他们的父子兄弟中只有一个名人,高尔顿认为这两组出名人的比率有显著的差别就是能力受遗传决定的证明。

环境决定论者认为,儿童心理的发展完全是外界影响的被动结果,片面地强调和机械地看待环境教育的作用。按照华生的说法,行为主义的目的在于客观明了,已知刺激(S)就能预言反应(R),已知反应就能推断先行的刺激。他完全无视有机体本身的内在条件,所以他的行为主义就被称为刺激—反应说。华生通过经典条件反射的方法对婴儿的行为进行了"塑造",特别是在情绪方面进行了大量研究,结果说明儿童对许多事物产生怕、怒、爱等情绪多数都是习得的。因而也可以通过消退性条件反射而加以消除。他的这种"塑造"行为的理论在婴幼儿教养中曾发挥过积极的作用。现代的作为行为治疗模式的"系统脱敏法"也是与华生主张的后天习得的条件反射可以通过对原条件反射进行消退这一实验研究有联系的。

第二个时期可以拿斯腾等人的"会合论"和格塞尔的成熟论(成熟势力说)为代表。

"会合论"认为发展是由遗传与环境两个因素共同决定的。斯腾在《早期儿童心理学》一书中提道:"心理的发展并非单纯是天赋本能的渐次显现,也非单纯由于受外界影响,而是内在本性和外在条件辐合的结果。""两种因素同为发展的不可缺少的成分,虽然其所占比重可因事而异。"这种观点合理地对遗传和环境各自所起的作用给予应有的地位,但不足之处是仍然没有摆脱以静止的、孤立的观点处理遗传和环境间的关系。

格塞尔的成熟论虽然本质上也是一种内在发展的理论,但他并不否认发展需要环境的促进。他认为某机能的生理结构未达到成熟之前,学习训练是不能进行的,只有在达到足以使某一行为模式出现的发育状态("成熟状态")时,训练才能奏效,这就是"成熟—学习"原则的理论基础。格塞尔并非完全否认学习环境的作用,他认为"评价成长的特点时,我们不应忽视环境影响——文化背景、同胞、父母、营养、疾病、教育等,但上述这些必须把它们与最初的或素质构成因素联系起来考虑,因为素质构成因素最终决定所谓'环境'的反应程度乃至反应方式。机体始终参与着对它所处环境的创造活动,而儿童的成长特征实际上是内在因素和外在因素之间相互作用的最后产物的表现……"

第三个时期是在前期对遗传和环境都是发展的不可缺少的因素的普遍认识基础上,进一步分析了二者的相互关系,提出遗传与环境相互作用的观点。这种观点的基本思想是:①它注意到两种因素的相互依存关系,即任何一种因素作用的大小、性质都依赖于另一种因素,它们之间不是简单的相加或会合;②它注意到两个因素间的相互转化和渗透的关系,即当前对环境刺激作出某种行为反应的有机体是它的基因和过去环境相互作用的产物。相互作用论的观点是当前比较流行的并得到普遍承认的思想,代表人物有瑞士的皮亚杰、法国的瓦龙、德国的沃纳,以及苏联的维、列、鲁学派等。

相互作用论强调了内外因之间的相互联系、相互渗透、相互制约的性质。这个理论改变了过去在遗传与环境问题上那种"谁比谁重要""谁是决定性"的形而上学的争论,而转到探讨二者是如何起作用的,以及这些因素是如何参与到行为中的事实。

相互作用论认为遗传与环境对心理发展的作用是相互制约、相互依存的。例如环境对于某种特性或行为的发生发展能否起作用,起多大的作用,往往依赖于这种特性或行为的遗传基础。如一个智力迟钝的儿童与一个智慧高的儿童在同样的环境里成长,发展就不一样。环境不是泛指自在的环境,而是指主体能对之发生作用的心理环境。由于心理发展的内部条件(遗传基础、成熟水平)的不同,环境的效应也就不同。一种严格的、高要求的学习环境对于一个智力潜能较高的儿童来说可能使他的潜能得到充分地发挥,然而同样的要求施于一个中下智力水平的儿童,则可能会使其发展受到阻抑。这也就是"外因要通过内因而起作用"的规律的体现。

同理,遗传作用的大小也依赖于环境的变化,虽然遗传所提供的潜能有一定的范围,或者说有它的上限,但在此范围内,反应的高低又依赖于环境的变量。

(资料来源:李丹.儿童发展心理学[M].上海:华东师范大学出版社,1993:45—65.)

学习活动

请课外自主阅读劳拉·E.贝克的《婴儿、儿童和青少年(第5版)》一书中第一章的基本内容部分,加深对婴幼儿发展理论中基本问题的理解。

复习与思考

1. 什么是发展与发展理论?
2. 举例说明遗传与环境在婴幼儿发展中的作用。
3. 为什么要学习婴幼儿心理发展理论?

第二章 成熟势力的发展理论

学习目标

1. 了解成熟势力发展理论的代表人物和基本观点。
2. 掌握成熟势力发展理论的核心概念和理论体系的发展进程。
3. 了解成熟势力发展理论的优缺点，并尝试利用优点解决幼儿教育中的实际问题。

第一节 成熟势力发展理论的背景及其代表人物

一、理论背景

（一）哲学背景

成熟势力说的理论根源可以追溯到18世纪的哲学家、教育家卢梭（J. J. Rousseau, 1712—1778）所提出的相关观点。卢梭是法国启蒙运动的先驱之一，除了哲学家、教育家，他还兼具政治家、思想家、文学家等身份。他一生颠沛流离，虽未受过系统的教育，但他经历丰富，又喜好读书，留下了很多对当时社会和后世都影响深远的著作，如《论科学与艺术》《论人类不平等的起源和基础》《社会契约论》《爱弥儿》。他的著作多涉及政治哲学领域，由哲学思考引发对人类发展和教育的阐释。在他所有的著作中，其核心观念都离不开"自由"和"自然"这两个关键词。

卢梭接受了霍布斯（T. Hobbes, 1588—1679）和洛克（J. Locke, 1632—1704）等人关于"自然状态"的理论框架，认为人类存在着"自然人"的状态。不同于霍布斯和洛克对自然人天性的解释，卢梭提出，在自然状态中存在着一种实实在在、不可毁灭的平等和无忧无虑的自由。在《论人类不平等的起源和基础》一书中，卢梭探究了"自然人"和"社会人"两者的不同。他认为"自然人"几乎完美，只拥有积极品质，而成为"社会人"就是一种堕落的过程。成为"社会人"必然要经受教育，所以教育本身就是对自然天性的扼杀。在《爱弥儿》的序言中，卢梭写道"我们时代的文学和学问更多倾向于摧毁而非建设"，这十分精练地表达了卢梭对教育的谨慎态度。

卢梭主张自然教育，认为教育应当顺应儿童的发展与天性，要遵循有机体内部的力量。他认为童年在人类的生命中占据着非常重要的位置，但是成年人却对童年期思考甚少，因为成人关心的是如何将儿童培养成为一个合格的"社会人"，所以儿童从童年开始就被教育为进入社会做准备，从而被压抑了天性。卢梭将童年时期划分为四个阶段，分别为婴儿期（0—2岁）、儿童期（2—12岁）、儿童晚期（12—15岁）、青年期（从15岁开始）。从青年期开始，儿童才明显成为社会中的人。卢梭认为儿童的发展就是按照这四个阶段的自然顺序进行的，他在《爱弥尔》一书中描写道："大自然希望儿童在成人以前就要像儿童的样子，如果我们打乱了这个次序，我们就会造成一些早熟的果实，它们长得既不丰满也不甜美，而且很快就会腐烂。"

卢梭在启蒙运动时期的哲学思想以及教育思想都对后世产生了非常重要的影响，也深深影响了成熟势力发展理论的代表人物格塞尔。

（二）心理学背景

1. 达尔文的进化论

19世纪，生物学和心理学得到了快速的发展，新的研究方法的出现大大增加了理论建设的科学性，人们对人类的发展有了更多生理上和心理上的认知。在达尔文之前，西方社会普遍相信创世说。英国生物学家达尔文（C. Darwin, 1809—1882）经过多年的环球考察之后，于1859年发表《物种起源》一书，提出了著名的进化论和"物竞天择，优胜劣汰，适者生存"的进化法则。他认为所有的动物和植物都是从某一种原始类型传下来的，是有共同起源的，并且在生存斗争和自然选择的过程中逐渐进化。这一理论的提出推翻了"物种不变说"，打破了此前哲学对心理学的统治，极大地推动了自然科学的发展。他之后又出版了《人类的由来及性选择》一书，在书中他报告了人和动物在身体构造上以及性选择上都是相似的，人与动物具有心理上的连续性。达尔文晚年出版了《人和动物的情感表达》一书，通过对比动物与人的表情、姿势、动作，发现了人和动物的共性，证明了动物也有感情，人和动物的表情、动作都是可以遗传的。

达尔文的进化论思想被称为19世纪的三大发现之一，让人们对生物，尤其是人类的生理和心理发展有了颠覆性的认识。达尔文首创性地将儿童纳入科学研究中。他在自己的第一个儿子出生后，运用个案观察法对儿子进行了为期三年的观察，并将观察的记录整理成《一个婴儿的传略》一书，记载了自己的儿子从出生到3岁的三年里伴随着成长出现的发展特征，为心理学提供了新的研究方法。

2. 霍尔的复演说和儿童研究

在达尔文之后，美国心理学家、教育家霍尔（G. S. Hall, 1844—1924）基于进化论提出了"复演说"，即个体的发育、发展过程复演了一系列种系进化、人类文明进化的过程。他认为个体在出生前，即胎儿期的发育重演了动物进化的过程，比如胎儿在早期阶段是有鳃裂的，这是重复动物进化过程中鱼类的阶段。个体在出生后至青少年时期的心理发展则重演了人类文明的进化过程:童年期复演了人类的远古时代;少年期复演了人类的中世纪时期;青年期则复演了近代人类社会的特征。霍尔认为这一系列的复演活动通过儿童的游戏集中体现出来,比如童年期喜欢的追逐游戏就是在重演远古先人的狩猎活动。

除了复演说,霍尔进化论的发生发展观也为他进行之后的儿童发展心理学的研究提供了动力。他建立了美国的第一个心理学实验室,创办了美国第一份心理学杂志,并且推广了实验室研究法和问卷调查法,推动了儿童研究运动的发展,他因此被称为"美国儿童心理学之父"。

霍尔是格塞尔在克拉克大学读博士期间的导师,格塞尔跟随霍尔进入了儿童心理学的研究领域。霍尔对儿童进行观察和大样本的研究,他的研究方式深深影响了格塞尔的研究生涯,他们倡导使用常模法来研究儿童,促进了实证研究在儿童心理学方面的应用。

3. 考嘉尔关于结构与机能的观点

美国机能心理学家考嘉尔(G. Coghill, 1872—1941)认为结构决定着机能,神经系统的成熟决定了其基本结构,他认为牵涉整个身体的运动在感觉器官形成之前就出现了。从一开始,有机体就可以在不受环境刺激的影响之下,以自主的方式表现出整体的行为模式。格塞尔对考嘉尔的研究产生了浓厚的兴趣,并以此作为自己观点的理论支撑,认为只有当成熟出现的时候,学习才会出现。

二、代表人物

成熟势力说的代表人物我们在上文中已有提及,那就是美国儿童心理学家格塞尔。格塞尔(Arnold Gesell, 1880—1961)出生于美国威斯康星州的阿尔马镇,小镇的北部为苏必利尔高地,南部是平原,属于温带大陆性气候,冬季严寒,夏季炎热,格塞尔就在这样一个四季分明的环境中成长起来。他自己写道:"每一个季节都有它挑动人的、强烈的、由这条变化无常而又永不消逝的河流体现出来的喜悦。"在这样的童年环境的熏陶中,格塞尔深刻地感受着大自然的秩序,为之后他对儿童发展的自然顺序的感悟埋下了一颗种子。

1903年,格塞尔从威斯康星大学毕业,1906年获得麻省克拉克大学的心理学博士学位,1911年到耶鲁大学任教,并建立了研究儿童发展的临床诊所。他在求学和工作期间都十分刻苦勤奋地研究儿童发展,虽然已经取得了心理学的博士学位,但是为了丰富自身的专业知识,拓展对儿童的理解,他在35岁的时候仍然选择了进入一所医科学校学习。在他开办儿童发展诊所的五十年里,他与同事们广泛详尽地研究了儿童(包括婴儿)的神经运动发展,在问卷收集和临床观察的基础上获得了大量的第一手资料,并最终建立了儿童发展的完善的行为常模。所谓常模法是指在一个典型的调查研究中,对儿童的行为测量必须保证有足够大的被试样本,对收集到的数据要进行统计处理,计算出每一年龄的平均值,从而得到年龄发展的常模,根据常模描绘出的发展曲线就典型地代表了某种行为随年龄的增长而表现的变化发展。格塞尔退休之后于1950年—1956年间任职于前同事们开办的格塞尔儿童发展研究所。1961年格塞尔逝世,他的成熟势力说和心理学的研究方法为之后的儿童发展研究提供了重要的知识和经验支持。

第二节 成熟势力发展理论的基本观点

一、遗传决定的重要性

在儿童的发展主要是由遗传因素决定还是环境因素决定的问题上,格塞尔以及他的同事们本质上是支持遗传决定论的,虽然格塞尔并不否认发展需要环境的促进。

格塞尔认为在儿童的成长和行为的发展中起决定性作用的是生物学因素,儿童的成熟取决于遗传的时间表,也就是说个体的生理和心理的发育发展是按照基因规定的时间表依次有序地进行的。

为此,格塞尔列举了人类生命胚胎发展的周期与顺序来说明他的主张。格塞尔认为,人类的生命从受精卵开始,经过细胞分裂繁殖成为胚胎,胚胎逐渐分化形成了身体不同的结构与组织。格塞尔将婴儿在子宫内还未出生时的状态形容为未成熟,子宫为婴儿提供合适的温度和养分,但是在胎儿的发展中不起决定作用。婴儿在子宫内的发展主要是受基因控制的,在胚胎时期,心脏是第一个发展机能的器官,之后是中枢神经系统——脑和脊髓。头部的发展先于四肢的发展,胚胎在第八周之后,神经系统活动开始,这时候我们可以把胚胎叫作婴儿。

在婴儿出生之后,成熟继续按照既定的时间表支配着儿童个体的发展。婴儿按照成熟的顺序可以逐步控制自己的嘴唇、舌头、眼睛、脖子、肩膀、手臂、躯干、腿和脚。在日常的生活中我们可以了解到,婴儿在学会走路之前先学会使用自己的手臂和手,在学会用手指抓握东西之前先学会舞动手臂,所以婴儿的发展基本是按照从中心向四周,从头到脚(从上至下),从粗大动作到精细动作的顺序进行的。当然,此时儿童的发展还会受到学习的影响,但成熟是学习的基础,是儿童发展的内部因素,没有成熟就没有真正的发展。试想,如果让婴儿刚出生就学习走路,他/她可以完成吗?儿童的成熟自有它的顺序,超前训练是没有意义的。

关于成熟的研究,1929年,格塞尔与汤普森主持了著名的同卵双生子爬楼梯实验。如图2-1,他首先对同卵双生子T和C进行行为基线的观察,确认他们发展的水平是相当的。在双生子出生第48周时,对T进行堆积木、爬楼梯、肌肉协调和运用词汇等训练,对C则不作相应的训练。对T的训练持续了6周,期间T确实比C更早地显示出某些技能。到了第53周的时候,当C达到爬楼梯的成熟水平时,对他开始集中训练,发现这时候只要少量训练,C就赶上了T爬楼梯的熟练水平。格塞尔进行进一步的观察发现,在第55周时,T和C的能力是没有差别的。

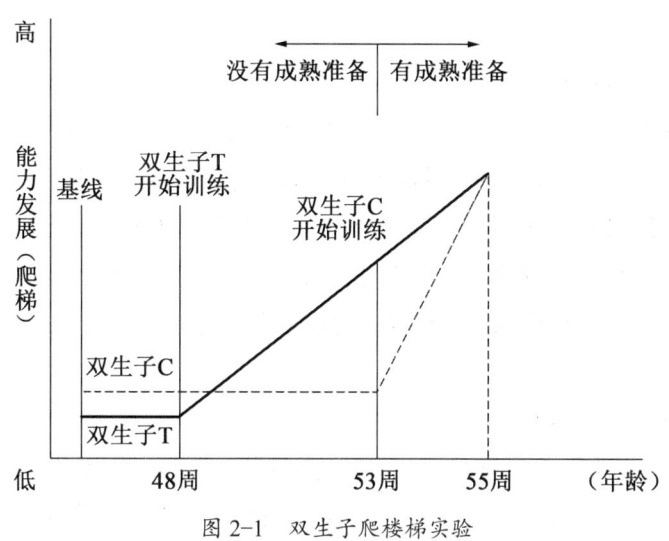

图2-1 双生子爬楼梯实验

通过双生子爬楼梯实验的结果,格塞尔断言,儿童的学习取决于生理上的成熟,在这个成熟的时间表之前的学习与训练难有显著的效果,而当儿童达到成熟的状态时,稍加训练就可以取得显著的学习效果。

成熟对于发展的主导作用并不是说环境和学习不重要。在婴儿出生前,如果宫内严重缺氧,这时候婴儿身体的发展会严重受损;在婴儿出生后,如果极端缺乏刺激,得不到周到的照顾,那么婴儿也不能很好地发展。若想让儿童得到良好的发展,二者皆不可偏废。

二、发展的性质与原则

（一）发展的性质

格塞尔认为,成熟是通过从一种发展水平向另一种发展水平突然转变而实现的,发展的本质是结构性的,只有结构的变化才是行为发展变化的基础。由此可见,格塞尔认为发展是一种内部结构发生的变化,这种变化导致外部行为的发展。

发展是在基因的指导下发生的,基因指导儿童发展过程的机制叫作成熟。发展取决于遗传机制带来的成熟,而成熟有一个既定的时间表,因此时间,也就是儿童的年龄,便成为心理发展的主要参照物。不是所有的儿童都有着相同的发展速度,就像不是所有婴儿都是刚好在一周岁的时候学会走路一样,这种差异取决于每一个儿童内部的发育机制。

（二）发展的原则

通过大量的资料收集和临床研究,格塞尔提出了儿童发展的几个原则。

1. 发展方向的原则

发展具有方向性,这种方向性表现为由上而下、由中心向边缘、由粗大动作向精细动作的发展。比如:婴幼儿首先学会扭头用眼睛追随物体,再学会走路和跑跳;婴幼儿先学会挥动手臂、踢腿,再学会用手指拿物体、踮脚。由此可知,儿童身体的发展是有方向性的。

2. 相互交织的原则

人类的身体结构是建立在左右对称和平衡的基础上的,比如我们有两只眼睛、两只耳朵、两条胳膊、两条腿。正是天生对称的生理结构,使得人类有条件均衡平等地活动,最终实现有效的组织过程,把发展引向整合并达到更高一级的成熟水平。比如双手的使用,婴儿首先使用一只手,然后两手一起使用,接着喜欢用其中一只手,然后又同时使用两只手,就这样左右交织、相互交替,直到达到对于自身来说较为有效的使用习惯,形成优势手(左利手或右利手)。

3. 机能不对称的原则

格塞尔发现,相比于正面对称的方式,人类从某一种角度面对世界或许更为有效,他称这个倾向为"机能不对称原则"。比如人的身体左右两方最终有一方占优势,例如左利手和右利手。机能不对称原则在格塞尔对婴儿的强直颈反射的观察中可以看到。婴儿仰躺着的时候,很喜欢把头歪到一边去睡,此时他们把一只手伸向头歪向的方向,而另一只手弯曲着,看起来就像击剑运动员。格塞尔认为,婴儿的这种现象,可能能够促进手眼协调,防止窒息。这种现象到婴儿三个月之后,随着神经系统的发展而被掩蔽。

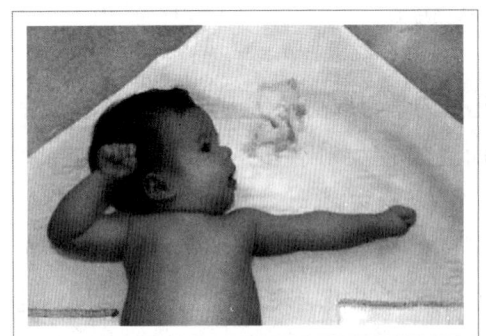

图 2-2 婴儿的强直颈反射

4. 个体成熟的原则

这是格塞尔成熟理论的核心原则。格塞尔认为儿童的发展取决于成熟,而成熟遵循基因决定的时间表,所以年龄(时间)就成为儿童发展的主要参照物。在成熟之前,儿童处于学习的准备状态。所谓准备,是指儿童由不成熟到成熟的生理机制的变化过程。只要准备好了,学习就会发生,因此,成熟决定着学习,而不是学习决定着成熟。

5. 自我调节的原则

每个人都会自我调节。就婴儿来说,他们可以调节自己吃奶、睡觉、觉醒的时间和周期。如果成人允许婴儿自己决定吃和睡的时间的话,他们会减少吃奶的次数和白天睡觉的时间。就大一点的儿童来说,如果成人教授他们教授得太快,他们也会进行自我调节。这种调节作用加强了儿童成长的不平衡以及波动:儿童向前进入新的领域,然后会退却,再在向前的过程中巩固自己的进步。在儿童成长的过程中会出现发展较好的年头和较差的年头有序交替的现象。

表2-1 儿童行为周期变化表

儿童行为阶段			一般的性格特征	发展质量
第一周期 年龄(岁)	第二周期 年龄(岁)	第三周期 年龄(岁)		
2	5	10	稳定、整合	较高
2.5	5.5—6	11	分离、不稳定	较低
3	6.5	12	恢复平衡	较高
3.5	7	13	内向	较低
4	8	14	精力充沛、豁达	较高
4.5	9	15	内向—外向	较低
5	10	16	稳定、整合	较高

(表格来源：王振宇.儿童心理发展理论[M].上海：华东师范大学出版社,2016：23.)

表2-1是格塞尔总结的儿童行为周期变化表，儿童按照表中的年龄阶段呈现质量高低交替的发展态势。在儿童发展质量较高的年龄阶段，性格特征较为稳定，呈现整合性的发展，教育者可以适当严厉地教育儿童；而在儿童发展质量较低的年龄阶段，性格特征表现得不稳定，这个时候教育者应当正视这种现象，增加对儿童教育的耐心，帮助他们平稳地度过这段时期。

三、成熟势力发展理论的育儿观念

格塞尔的成熟势力说为我们了解儿童提供了宝贵的知识，让我们认识到儿童的发展和成熟有他自身的顺序和规律，这为我们教育儿童、更好地促进儿童的发展提供了一些启示。

（一）尊重儿童的发展规律，切忌揠苗助长

儿童自有一张成熟的时间表，而成熟是学习的基础，当成熟达到特定水平的时候，学习自然会发生。1岁的儿童可以敏捷地爬行，但是当他尝试站起来的时候，他需要扶着东西摇摇晃晃地才可以勉强站立。一岁半的时候，儿童在一定程度上可以控制自己的腿。到36个月的时候，儿童才能够保持单脚站立的平衡。在这个过程中，儿童会有很多次的摔倒和尝试，才能最终进入新的成熟阶段。当儿童的腿部力量还没有达到可以手不扶物也能平稳站立的时候，训练他走路就显得操之过急。1岁儿童的个体认同感非常有限，物权意识不明显，等到18个月的时候，儿童会开始区分"你"和"我"，2岁的时候，儿童开始使用词语"我的"，表现出以自我为中心的倾向。如果家长过早地教育儿童跟别人分享，反而会产生相反的效果，使得儿童缺乏安全感。

案例 2-1

彤彤的分享

女儿彤彤在2周岁的时候,爷爷给她买了一辆可以开的遥控玩具电动小汽车作为生日礼物,这可把她高兴坏了,每天在客厅里开来开去,无论谁都不让碰。

一天,隔壁的轩轩来家里玩,也被这辆小汽车吸引了,但是彤彤却不同意给轩轩玩,奶奶劝说了很长的时间,她还是不肯。这时,大人们开始批评彤彤了:"怎么这么小气,让轩轩开一下都不肯,真是个小气鬼!"彤彤噘着嘴巴,依旧不让。接着,轩轩奶奶又开始想方设法说服她,彤彤依然不买账。大人拗不过孩子,就开始"强行抢夺",轩轩奶奶直接把孩子的车拉走了,边拉边说:"小气鬼,你不给我们玩,我们把你的车拉走。"这下,孩子发怒了,情绪也失控了,尖叫踢腿,放声大哭。

(资料来源:张丽.彤彤的"分享"[J].

父母孩子,2017〈01、02〉:16.)

案例分析:

案例中的孩子还未走出2岁左右所处的以自我为中心的阶段,家长通过语言和动作强行让她分享自己的玩具,只能起到相反的作用。孩子并未真正地理解分享行为,反而更加地抵触和抗拒。这就提醒教育者要学习科学的儿童发展知识,不要按照"好孩子"的标准过早地要求儿童达到他还不能达到的水平,当儿童对教育行为表现出不适应和反抗时,也为教育者反思自身提供了契机。

格塞尔的追随者之一阿弥士曾向父母提出以下劝告:

(1) 不要认为你的孩子成为怎样的人完全是你的责任,你不应该抓紧每一分钟去教育他。

(2) 试一试去欣赏成长的奇观,观察并享受每周、每月带来的新变化。

(3) 尊重孩子的未成熟,接受这样的事实:他会爬在会走之前;用单词表达自己的意见在用句子之前;说"不"在说"是"之前。

(4) 避免老是考虑下面是什么,而应该让自己和孩子充分享受每一个阶段的乐趣。

作为教育者,应当认真地了解和学习儿童的身心发展规律,在合适的时间培养儿童合适的能力,不能揠苗助长。让儿童超前学习,结果则是过犹不及。

(二)了解儿童的成熟进程,提供适宜的教育

在格塞尔的同卵双生子爬楼梯实验中,到第53周的时候,双生子C达到了能够学习爬楼梯的成熟水平,也就是他的身体条件使他能够熟练地爬楼梯的时候,对他稍微加以训练,他就能达到同卵兄弟T训练了很久的水平。学前儿童的感知觉、注意、记忆、想象、思维、情绪情感、社会性和语言发展在不同的年龄阶段都会表现出不同的水平和特征。当前社会竞争日

益激烈,很多家长、机构会对幼儿进行超前教育,让幼儿学习不符合年龄的知识或技能。很多家长认为幼小衔接就是让孩子学拼音、写汉字,这种理解是不全面的。3—6岁是儿童书面语言建立的关键阶段,这段时间应该让孩子通过图画书的阅读与书中的对话、图画互动,感受汉字的结构,为未来的汉字书写作好准备。超前学习会带来很多弊端,儿童每个阶段都在学习下一阶段应当完成的任务,其学习的兴趣与积极性会受到压制。教育者应当正确把握儿童成熟的进程,让儿童在适宜的时间做适宜的事情,享受每一个阶段的学习与成长。尊重儿童学习发展规律的教育才是最适合的教育。

(三)父母与孩子共同成长

格塞尔明确地提出,家长要与孩子一起成长。所谓与孩子一起成长,就是成人和儿童都有一个发展过程,都有成长的烦恼,他们之间是相互作用、相互影响、共同适应的。

其实父母不是天生就会成为一个合格的家长,初为人父、人母时都经历过不知所措和无所适从。父母更不是天生的儿童心理学家,在成为父母之前便谙熟婴幼儿发展的规律。关于婴幼儿如何成长、他们的成长规律,以及自己孩子的发展质量如何等问题,他们都需要一步一步地、慢慢地随着自己孩子的发展而明了。有时仅通过陪伴一个孩子的成长还不能感悟到,可能需要第二个、第三个孩子的出生和成长,父母才能对儿童的发展规律和自己孩子的特性有所了解,从而产生并形成适宜的家庭教养方式。

格塞尔的成熟势力说非常强调婴幼儿发展的内在规律性,认为婴幼儿的成长发育是一个以天然的进度表为其蓝本的过程。因此,父母必须要耐心地、仔细地观察自己的孩子,在抛去成人固有偏见的基础上,通过自我反思、自我学习获取儿童成长的规律,并作出应对,成为一名合格的家长。

第三节　对成熟势力发展理论的评析

一、贡献

(一)强调了成熟机制在发展中的重要作用

格塞尔十分强调成熟机制在儿童发展过程中的重要影响,认为没有成熟就没有学习,发展是以成熟为基础的。在格塞尔之前,卢梭也提出了儿童的发展有一个自己的时间表,但是卢梭并未进行实证研究。格塞尔较为进步的地方是他通过几十年的实证研究,亲自观察和记录儿童的成长过程,这是一个科学和规范的研究过程,得出的研究结果也更加使人信服。

(二)为之后的研究者提供了新的研究方法和思路

格塞尔潜心于儿童发展机制的调查和研究,广发问卷,开展细致的观察和繁复的整理工作，总结了儿童发展的年龄特征，建立常模，并根据常模认真编制了各种问卷和量表。无论是观察还是量表，格塞尔都严格遵循"标准化"的原则，通过实际的数据来反映儿童真实的发展情况。他曾出版《儿童生活的最初五年——学前儿童生活指南》一书，详细地介绍了基于标准化的研究过程得来的数据所总结出的儿童从出生到5岁的生理和心理的发展变化。在格塞尔编制的量表中非常著名的就是1940年发表的格塞尔发展量表，它是心理学界、医学界、教育界公认的经典量表。这份量表首创性地把儿童的行为分为四类，分别是动作能、语言能、应物能、应人能。这种分类简洁而全面地概括了儿童发展的不同方面，在世界范围内有着广泛的应用。

（三）在一定程度上影响了儿童观和教育观

格塞尔的成熟势力说让大家认识到，儿童的发展不是教育者能随心所欲地控制的。前人洛克主张的白板说认为儿童是一块白板，成人如何涂抹，儿童就会变成相应的样子，儿童的发展完全是由环境和学习来决定的，无所谓发展阶段。之后，格塞尔受卢梭的儿童观的影响，经过研究提出了关于儿童发展的相关理论，与卢梭的理论一脉相承，承认儿童是独立的个体，有着天然的发展规律，这在一定程度上影响了人们对儿童的教育观，使人们更多地关注儿童本来的样子，更好地尊重儿童。

二、局限性

格塞尔虽然没有否认环境因素对于人的发展的作用，但是从本质上来说，格塞尔是一个遗传决定论者。在格塞尔的理论中，遗传因素和成熟机制对发展起着决定性的作用，环境和学习处在一个被动的位置。然而我们知道，对于个体的发展来说，生理的成熟为发展提供了基础，如果缺乏环境的刺激和后天的教育，发展也不能实现。遗传和环境两个因素缺一不可，甚至在某些情况下互为因果地影响着儿童的发展，因此只强调其中一方的决定性是片面的。

本 章 小 结

本章主要介绍了成熟势力说的理论背景和代表人物格塞尔的生平，讨论了成熟势力说的主要理论观点和教育启示，并进行了简单的评价。

成熟势力说有其哲学背景和心理学背景。哲学根源可以追溯到卢梭的"自然人"概念与自然教育说，心理学背景可以参考达尔文的进化论、霍尔的复演说，以及考嘉尔关于结构与机能的观点。成熟势力说的代表人物是格塞尔，他强调了遗传在儿童发展中的重要性，并提出成熟按照既定的时间表支配着儿童个体的发展，成熟是学习的基础，是儿童发展的内部因素，没有成熟就没有真正的发展。他还发现了儿童的发展存在着几个重要原则：发展方向的原则、相互交织的原则、机能不对称的原则、个体成熟的原则和自我调节的原则。

延伸学习

遗传与环境作用研究中的双生子研究

双生子有两种类型：一类为同卵双生子，是由同一个受精卵发育而成的两个个体，在遗传上具有相同的基因型；另一类是异卵双生子，由两个受精卵发育而成，遗传型并不完全相同，也就是说他们并不比多胎生的兄弟姐妹间更相似。

这两类双生子对于心理学研究而言是宝贵的资源。为什么这么说呢？当心理学家要去探查某一个心理机能的发展中遗传与环境哪一个更重要时，双生子实验往往能提供更有说服力的证据。双生子的研究有如下几种类型：

1. 异卵双生子研究

正常情况下，由于异卵双生子出生后在同一个家庭中被抚养长大，因此可以认为他们的成长环境是相同的，那么两者之间表现出的发展上的差异可被视为是由遗传造成的，例如性格上的差异。但是这里必须注意一点，如果异卵双生子不是同性别的话，那么他们之间的环境差异也可能会比较大，例如社会、家庭对男孩与女孩的要求和待遇往往是不一样的：男孩子被要求勇敢、选择男性偏好的玩具，并保护弟弟妹妹；女孩子则被要求细心，会在生活上照顾弟弟妹妹等。同时由于遗传带来的性别差异本身使个体对环境的选择也会有所不同，因此在异卵双生子研究时一般要采用同性别的双生子。

2. 同卵双生子研究

最著名的同卵双生子研究就是格塞尔的双生子爬楼梯实验了。由于同卵双生子被视为遗传基因型完全相同，因此只要对其中的一个双生子实施与另一个不同的教育手段，如果对某项心理机能的发展造成了显著影响，那么就可以断定该心理机能的发展很大程度上受环境影响，反之则可以说明受到遗传的作用更大。

下面我们列举一个有关智力研究的结果，大家来判断一下，一个人的智力是受环境影响更大，还是受遗传的影响更大。

美国心理学家詹森（Jenson，1969）研究了不同血缘关系的人之间智商的相关性，实验中他将异卵双生子和同卵双生子作为研究对象，对这两类双生子的研究得到的结果见表2-2。

表2-2 异卵双生子和同卵双生子之间智商的相关

双生子类型	异卵双生子		同卵双生子	
	不同性别	同性别	分别养育	一同养育
相关系数	0.49	0.56	0.75	0.87

请分析上述表格中的数据说明了什么问题。

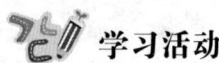 学习活动

　　学习完格塞尔的成熟势力说之后,请你对"不要让孩子输在起跑线上"这一观点作简单的评析。

 复习与思考

　　1. 请你回忆成熟势力说的儿童发展原则,并用生活中的实例加以阐释。
　　2. 当儿童的发展出现较快的阶段或较慢的阶段时,作为幼儿园教师,应当如何应对?

第三章 行为主义发展理论

学习目标

1. 了解行为主义发展理论的代表人物和基本观点。
2. 掌握行为主义理论的发展进程及其核心概念。
3. 学会运用行为主义的理论观点分析和指导幼儿教育中的具体问题。

第一节 行为主义发展理论的背景及其代表人物

一、理论背景

（一）哲学背景

1. 洛克的经验论

约翰·洛克是17世纪英国的哲学家和思想家，提出了白板论、观念论和知识论。

在白板论中，洛克主要批判了天赋观念论，认为儿童是一张白板（tabula rasa）。"tabula rasa"是拉丁文，含义是"空白的书写板"。根据这一个观点，儿童出生时一无所有，各种经验都可以塑造他们后来的品性。

在观念论中，洛克系统地探讨了观念的起源问题。作为经验论的主要代表，洛克同培根、霍布斯一样，明确主张认识起源于感觉经验。但是在洛克的时代，天赋观念论非常流行，洛克对此进行了批驳。他认为，事实上并不存在天赋观念，人类的全部知识都是从经验中来的。他说："它（人心）在理性和知识方面所有的一切材料，都是从哪里来的呢？我可以用一句话答复说，它们都是从经验来的。我们的一切知识都是建立在经验上的，而且最后是导源于经验的。"那么什么是经验呢？洛克认为我们对外界可感物的观察，或者对我们自己知觉到的、反省到的我们心灵内部活动的观察，就是供给我们的理智以全部思维材料的东西。简单说来，经验就是对外的感觉和对内的反省。

在知识论中，洛克主要阐述了知识的等级和程度问题。他将知识分为三个等级。第一等级是直觉的知识，此类知识不需要借助别的观念，是可以直接判断的，如"太阳看起来是圆的"。第二等级是证明的知识，此类知识不能直接作出判断，需要借助推理来获得证明，如

"两点之间直线最短"。第三等级是感觉的知识,此类知识可以通过人的感官的感知来获得,如"花有不同的香味"。

除了上述这些哲学观点,洛克还提出了相应的幼儿教育观念,比如他建议父母要通过表扬,而不是物质(如糖果)来奖励孩子。这些观点在当代的心理学中也都被证实是有效的。

如果认真审视一下洛克的白板说,不难得出这样的结论:白板说其实是后天论的代表,而洛克是后天论的拥护者,他相信是环境的力量塑造了儿童。洛克的观念论和知识论的相关内容显示,他将发展视为一个连续的过程。这种观点深深地影响了行为主义心理学。

2. 实证主义

实证主义是19世纪中叶法国哲学家孔德首创的一种科学哲学,为心理学提供了哲学方法论,对构造主义和行为主义心理学流派产生了深刻的影响。

实证主义在不同的历史时期有不同的表现形态,前后有三代实证主义,分别是孔德代表的社会实证论、马赫和阿芬那留斯代表的经验实证论、石里克和卡尔纳普等人的维也纳集团代表的逻辑实证论。实证主义对行为主义的影响较为复杂。孔德和马赫的实证论影响了华生和斯金纳的激进行为主义,逻辑实证论则影响了托尔曼和赫尔的新行为主义。

行为主义阵营可分为两种倾向。一种是可称为形而上学的行为主义,认为心理学要像物理学拒绝神灵、精神和上帝那样拒绝神秘的心理事件和心理过程。这是一种激进的行为主义,包括华生的古典行为主义和斯金纳的操作行为主义。另一种是可称为方法论的行为主义,承认心理事件和过程是真实的,但不能对它们加以科学研究。科学的资料必须是公开的事件,就像行星运动和化学反应,是研究者观察到的事件。这是一种温和的行为主义,包括托尔曼的认知行为主义和赫尔的逻辑行为主义。

无论何种行为主义都以实证主义为方法论,正如美国心理学史家黎黑所说,整个行为主义精神是实证主义的,甚至可以说行为主义乃是实证主义的心理学。

(二)心理学背景

行为主义,作为心理学的一个理论体系,最根本的是对传统心理学——构造主义和机能主义的批判。

1. 对构造主义心理学的批判

构造主义心理学于19世纪末诞生于德国,是心理学成为一门独立的实验科学以后出现的第一个心理学派。后发展于美国,20世纪初占据美国心理学的一席之地,20世纪30年代以后渐趋衰落。这个学派强调心理学是一门纯科学,并不重视心理学的应用,也不关心个别差异、教育心理、儿童心理等心理学领域。

铁钦纳(E. B. Titchener, 1867—1927)是构造主义心理学的代表人物。19世纪末,年轻的学者铁钦纳揣着冯特授予的博士学位来到美国,开始倡导和传播从他的老师冯特那里继承来的元素主义心理学,并经他的改造后命名为构造主义心理学。他认为心理学的主题是意识经验,由于意识经验只有经验着的人才能意识到,所以只有采用内省法才能研究人的心理。在心理学研究对象上,铁钦纳接受阿芬那留斯的独立系列和依存系列的学说,用"依赖于经验者的经验"替换了冯特的"直接经验"。在心理学方法上,铁钦纳改造了冯特的实验内省法,对内省描述的要求更加严格,为内省法规定了种种限制。这种受经验实证论影响的内省法把心理学研究引向封闭的主观世界。

在当时,铁钦纳严谨的治学精神、敏捷好辩的才智为其吸引了大量的门徒,使其构造主义思想得到了广泛的传播。然而,在美国这样一个开拓中的国度里,拓荒者更易受进化论的影响,在他们看来似乎适应性与实用性更为重要。于是铁钦纳的构造主义心理学逐渐失去了它的市场,败给了由他自己命名的美国本土的机能主义心理学。

2. 对机能主义心理学的批判

机能主义以"美国精神"的实用主义为其哲学基础,以达尔文的进化论为其自然学基础,注重人在环境适应过程中的作用,把人的价值和人的行为当作哲学研究的中心。在实用主义、进化论及德国心理学的实验主义精神的孕育下,机能主义逐渐发展起来。

机能主义认为心理学是"心理活动的研究",主张用内省和客观观察相结合的研究方法,强调应用,并广泛吸纳社会学、教育学、人类学、神经学等学科的成果和方法论。这样,机能主义作为应用心理学的敲门砖,为心理学的发展壮大开辟出一片新天地。

机能主义虽被吸收到主流心理学中,却也经受着诸多质疑,华生就是众多质疑者之一。他认为机能主义和构造主义都使用内省法,是纯粹的心灵主义理论思想。这些主义之间的争论展现了心理学从心灵的、内省的逐渐向实验的、应用的方向转变,从对心理内容的研究向活动行为的研究转变。行为主义就是在这样的批判声中破土而出。

二、代表人物

(一)华生

华生(John Broadus Watson,1878—1958)生于美国,是经典行为主义的代表人物。1903年获得芝加哥大学第一个心理学博士学位。他在芝加哥大学曾学习机能主义者安琪尔(J. R. Angel)的心理学和实用主义者杜威(John Dewey)的哲学,经杜威和安琪尔推荐留校任教,任芝加哥大学讲师和心理实验室主任。此外,他还受到桑代克(E. L. Thorndike)和耶基斯(Yerkes)关于动物研究的影响。1908年,华生改任约翰·霍普金斯大学实验室主任和教授。华生在约翰·霍普金斯大学工作了12年,主要从事心理学的教学和研究工作,这是华生建立行为主义心理学的重要时期。

1913年,华生根据他在哥伦比亚大学的一系列讲演写成《行为主义的心理学观》一文,这篇论文被认为是行为主义运动的发轫点,是行为主义的宣言书。1914年,华生出版了《行为:比较心理学导论》一书,系统地阐明了他早期的主张。1915年,他担任美国心理学会主席，主要从事动物心理学和婴儿心理学方面的工作。1919年出版了《行为主义心理学》一书，进一步发展了他的行为主义心理学的观点。

1920年，华生辞职离校，转入商界从事广告行业，但他仍不忘宣传行为主义思想，尤其是宣传儿童发展的观点。1929年，《行为主义心理学》一书再版，华生扩充了内容，提出了许多激进的主张。这时他的行为主义从早先方法论的行为主义演变到形而上学的行为主义。1930年以后，华生不再从事心理学的研究工作，但仍是美国心理学会的会员。美国心理学会在1957年的年会上，对华生在发展近代心理学方面所起的作用给予很高的荣誉，盛赞"华生的工作已成为现代心理学的形式与内容的重要的决定因素之一。他发动了心理学思想中的一场革命，他的论著已成为富有成果的、开创未来的研究路线的出发点"。1958年，华生逝世，享年81岁。

美国哲学家、心理学家古斯塔夫·伯格曼说："我认为虽然在（20世纪）50年代他不像二三十年代那么受人瞩目，但约翰·华生在本世纪（20世纪）上半叶的心理学思想史上是仅次于弗洛伊德的人物——虽然相差甚远。他的思想在心理学家中被广泛接受……他不仅是一个实验心理学家，还是系统的思考者和方法论者。尤其是在最后这个领域他作出了重大贡献。"

> **拓展材料**
>
> 华生对心理学有独特的看法。
>
> "自从冯特建立他的实验室以来，心理学已经毫无成绩地空度了三十几年了；由于这样毫无成绩地空度了三十几年的事实，很足以证明那种德国式的内省心理学，乃是建筑在错误的假设之上的——包含着宗教的身心问题的心理学，再也不能得到可以证实的结论了。"
>
> "从冯特时期以来，意识变成了心理学的基调，它现在仍是基调。人从来也没有看见过意识、摸过它、嗅过它、尝过它、动过它……对于行为主义来说，意识和灵魂基本上是同一概念。"
>
> 华生企图建立一个客观的心理学，研究那些可以被观察的东西。他认为，自然科学以直接经验的材料为基础，一切不能观察的东西都不能成为科学的对象，"意识"就是其中之一。因此，他主张心理学要摒弃一切宗教哲学的概念。心理学要采取自然科学的方法，建立在可观察事实的基础上。人和动物的可观察的活动就是"行为"。
>
> 在华生看来，人的一切行为都是外在刺激所引起的反应，是周围环境的影响与训练的结果，因之教育万能。如果具备适当的环境和受训练的机会，一个正常人可以获得任何能力，胜任任何工作。
>
> 他曾说："给我一打强健而没有缺陷的婴孩，让我放在自己之特殊的世界中教

养，那么我可以担保，在这十几个婴孩之中，我随便拿出一个来，都可以训练其成为任何一种专家——无论他的能力、嗜好、趋向、才能、职业及种族怎样，我都能够任意训练他成为一个医生，或一个律师，或一个艺术家，或一个商业界首领，或甚至也可以训练他成为一个乞丐或窃贼。"可见，华生是一个极端的环境决定论者。他对个性形成的基本看法就是外在环境和生活条件决定一切，人不过是一架完全被动的，任凭外在条件摆布的机器而已。

（二）斯金纳

斯金纳（Burrhus F. Skinner, 1904—1990），美国新行为主义的代表人物之一，操作性条件反射理论的奠基者，被认为是新行为主义阵营中最忠实、最坚定的行为主义者。

1904年，斯金纳出生于美国宾夕法尼亚州的萨斯奎汉纳小镇。斯金纳初在汉密尔顿学院主修文学，后转入哈佛大学，1931年获得哲学博士学位。之后的几年间，斯金纳执教于明尼苏达大学和印第安纳大学。1947年，他回到哈佛大学，开始从事行为及其控制的实验研究。他创制了研究动物学习活动的仪器——斯金纳箱。他于1950年当选为美国国家科学院院士，1958年获美国心理学会颁发的杰出科学贡献奖，1968年获美国总统颁发的最高科学荣誉——国家科学奖。1990年8月18日，斯金纳在马萨诸塞州的埃布里奇死于白血病引起的并发症，享年86岁。

斯金纳是行为主义学派最负盛名的代表人物之一，也是世界心理学史上著名的心理学家。直到今天，他的思想在心理学研究、教育和心理治疗中仍然被广泛应用。舒尔茨在《现代心理学史》一书中提道："斯金纳在今天的心理学界已经成为最重要和最有影响的人物。"

拓展材料

早年的环境

我的祖母出生在一个落后的农民家庭，可是她喜欢装模作样，好高骛远。祖父是个英国人，20世纪70年代初到美国来寻找职业。直到他九十岁去世时，还没有找到合他心意的工作。祖母和他邂逅相逢，后来就嫁给他。祖母把希望寄托在我父亲威廉身上。起初父亲在宾夕法尼亚州东北部的苏士克哈那城伊利铁路局作学徒，当绘图员，并抽空读点法律。后来他到纽约市一个法学院升学，在取得学位之前就通过了苏克哈那县的法科考试，挂牌当上律师。祖母的虚荣心害得我父亲一辈子吃了不少苦头。他拼命追求荣誉。有人认为他自命不凡。尽管他有一部《工人补偿法》问世，在他逝世以前曾翻印过四版，但他心里总抱怨自己一生碌碌无为。

母亲巴洛士·格莱斯聪明美丽、操持严谨、秉性忠贞。她十一岁时开始和一个好友通信。后来这个朋友移居他乡，但是他们一直保持每半个月信札来往一次，七十年从未间断。外祖父出生于纽约州。国内战争的最后一年他虚报年龄参军，当上了一名鼓手。战后他来到苏士克哈那找工匠活干，后来终于在伊利木作厂当领班。只有外祖母一家可以说是出身名门。她的祖先中有一位曾随华盛顿参加独立战争，当过上尉。

我年轻时的家庭环境是比较温暖安定的。我在上大学以前一直就住在我出生时的家里。父亲母亲和我都就学于同一所中学，直到毕业。我们家和祖父母时常来往。弟弟比我小两岁半。我很喜欢他。母亲在家里常把我们哥儿俩叫"宝贝儿"，我也跟着她把弟弟叫"宝贝儿"，成为人家的笑柄。长大以后，弟弟在体育方面比我强，比我更吃得开。他常嘲笑我醉心于文学艺术。他十六岁时因患脑动脉瘤突然夭逝。当时我倒并不怎么伤心。也许我为此曾有点感到内疚。记得有一次我用白铁罐头的盖子做了一个箭头，把它射到空中。当箭头下坠时，正好落在他的肩上，把他打出血来。好多年后，有一次我听到罗伦斯·奥利维尔（英国名演员）朗诵莎士比亚名剧《哈姆雷特》的诗句：

……我曾引弓放矢，射过屋脊，却误伤了我的弟弟；

可这决非我存心暗害，望你千万不要在意！

使我心中着实难过了好一阵子。

（资料来源：陈泽川．斯金纳〈B. F. Skinner〉〈自传〉［J］.
河北师大学报〈哲学社会科学版〉，1979〈03〉：77—78.）

（三）班杜拉

班杜拉（Albert Bandura, 1925—），美国当代著名心理学家，新行为主义的代表人物之一，社会学习理论的创始人，认知理论之父，现任斯坦福大学心理学系约丹讲座教授。

1925年，班杜拉出生在加拿大艾伯特省的蒙达镇，父亲是波兰的小麦农场主。1949年获不列颠哥伦比亚大学文学学士学位，1951年获美国爱荷华大学心理学硕士学位，1952年获哲学博士学位。在爱荷华大学学习期间，他读到了N.米勒和J.多拉德的《社会学习与模仿》一书，备受鼓舞。他说："米勒和多拉德的《社会学习与模仿》一书，引起了我极大的兴趣。它对我早期的学习和研究是一个促进，我开始对扩大替代性经验的概念以及通过社会学习的方法解释现象的问题产生了兴趣。"那时,他认为心理学家应当"把临床现象用经过实验验证的方式加以概念化",心理学研究应当在实验中进行以控制决定行为的因素。1953年,班杜拉到维基台的堪萨斯指导中心担任博士后临床实习医生,同年到斯坦福大学心理学系执教。在此期间,班杜拉受赫尔派学习理论家米勒、多拉德和西尔斯的影响,把学习理论应用到社会行为的研究中。在班杜拉奠基性研究的基础上,社会学习理论应运而生,这也使他在西方心理学界获得了较高的声望。此后,除了1969年任行为科学高级研究中心研究员之外,班杜拉一直在斯坦福大学任教,并在1976年—1977年间出任心理学系主任。

班杜拉在学术上的杰出成绩为他赢得了诸多荣誉。1974年,班杜拉担任美国心理学会主席,1976年出任斯坦福大学心理系主任,1981年又担任了美国西部心理学会主席,并获得了杰出科学家奖、杰出科学贡献奖等科学奖和荣誉奖。有人称班杜拉为社会学习理论的奠基者、社会学习理论的集大成者或社会学习理论的巨匠。

第二节 行为主义发展理论的基本观点

一、经典行为主义理论

（一）行为主义的相关概念

1. 行为的界定

华生把动物和人都看成"有机的机器"。人这种"机器"由头、臂、腰、腿、趾、神经系统、筋肉和腺体等部分组成,"它"会执行一定的动作,履行一定的职务。这正如车轮、齿轮、内燃机、车身拼合在一起,就构成一辆汽车似的。汽车会履行一定的职能,如供人乘坐去办事或旅行。心理学的任务就是研究人和动物这种"有机的机器"的活动——行为。

华生认为,行为是有机体应付环境的一切活动。换句话说,行为是有机体用来适应环境的反应系统,其构成单位都是刺激与反应的联结。行为的特征是可观察、可重复、可测量的。研究方法有实验法和观察法。

2. 反应的界定与分类

行为的基本成分是反应,所谓反应是指有机体所做的任何动作,如肌肉收缩和腺体分泌变化引起的个体转向光源、听到强烈声音而惊跳等行为。另外,较高级的复杂组织的动作,如建筑高楼大厦、绘图、著书等也都是反应。

如表3-1,华生对反应的分类有三种方法。第一种分类按先天还是后天将人的反应分为：①明显的遗传反应,如婴儿的抓握反应；②潜在的遗传反应,如消化腺的分泌；③明显的习惯反应,如乒乓球运动员比赛间隙摸球台；④潜在的习惯反应,如人的思维。第二种分类按是否为习得将反应分为：①习得的反应,包括一切复杂习惯和条件反射,如书写汉字；

② 非习得的反应,指在习得反应形成之前,婴儿期的一切反应,如呼吸、心跳、遇到强光时的瞳孔收缩。第三种分类根据引发反应的感觉器官将反应分为触觉反应(如被火烫到时将手缩回)、视觉反应(如宝宝见到父母而高兴)等。

表3-1 华生经典行为主义理论中行为反应的分类

分类维度	反应类型	举例
先天与后天	① 明显的遗传反应	吸吮、抓握
	② 潜在的遗传反应	消化腺的分泌
	③ 明显的习惯反应	骑车、打乒乓球
	④ 潜在的习惯反应	态度、思维
是否习得	① 习得的反应	使用筷子、写字
	② 非习得的反应	呼吸、眨眼
引发反应的感官	① 视觉反应	瞬目反应
	② 听觉反应	追踪声音
	③ 嗅觉反应	婴儿辨认母亲的气味
	④ 味觉反应	婴儿辨别母乳与乳粉
	⑤ 触觉反应	手遇高温缩回

3. 刺激与反应

所谓刺激是指外界环境和身体组织中所发生的任何变化,如光、声音、血液分泌成分的变化。华生主张通过研究"刺激"与"反应"之间的对应关系来研究行为。刺激必定作用于人的身上,人则为了应对刺激而产生反应,将该过程简化为一个公式就是:

$$S \longrightarrow R$$
刺激　　　　　　反应

刺激—反应(S—R)是行为主义的基本公式,通过刺激可以预测反应,通过反应可以推测刺激。

案例3-1

百变乐高

孩子们平常都很喜欢玩乐高,所以,我们在玩具区先按照套盒提供了乐高玩具。在班上被孩子们称为"玩具达人"的牛牛一会儿工夫就拼出一辆警车,跑过来告诉我:"涂老师,你看!我已经拼好一个了!"我惊讶地问他:"哇,这么快?"他一脸骄傲地回答我:"我爸爸经常给我买乐高,我在家里经常玩,看着说明书就拼好了啊,好简单呀!"

一旁的宸宸和晨希两人拿着说明书研究了很久,只拼了前几步,后面就不知道如何拼下去了,于是,他们找牛牛一起合作完成。

还有几个小朋友也拿了乐高套盒,尝试多次后仍然无从下手,最后选择了放弃。有的则玩起了比较容易拼装的小人,他们将人偶的帽子、衣服等饰品进行不同的搭配创造。

回顾环节,孩子们都相互分享交流自己的作品。牛牛把手里的警车举得高高的:"我今天拼了一个警车!"一旁的宸宸则说:"我们觉得看说明书有点难,是请了牛牛帮我们完成的。"

教师反思:按照步骤图玩的乐高属于高结构玩具,在拼装过程中只要少了一步或者拼错一块就不能继续进行。更为重要的一点是,高结构材料要求对应一定的发展水平,高于或低于这一发展水平,孩子就会感到无聊或挫败。高结构材料目标性强,却不好玩,容易禁锢孩子的思维、限制孩子的创作!于是,我开始尝试对乐高玩具进行调整。

第二天,我将套盒里的说明书收了起来。

下午,计划时间,牛牛说:"涂老师,我今天还要用乐高零件拼一个警车!"我趁机鼓励他:"哦!那你今天能不能不看说明书就拼出一个自己想要的警车呢?"

工作时间,牛牛拼到一半,跑过来说:"涂老师,我不知道怎么拼下去了。我在家拼都是有说明书的,我自己想象着拼有点儿不会了。"看上去,被说明书完全束缚住思维的牛牛,离开说明书后,操作显得有些犹豫,不知从何下手。

我鼓励他:"牛牛不一定要拼得跟说明书上的一模一样,你可以有自己的想法和创新,想拼什么都可以,和说明书上的不一样也很棒哦!"

片刻,我再去观察牛牛,发现他竟然找来了包装盒,照着盒子上的图案拼,他笑嘻嘻地告诉我:"你说不照着说明书,没有说过不能照着盒子拼呀!"不一会儿牛牛看着包装盒上的图片完成了他的作品。

另外一边,宸宸的计划是拼一辆消防车,今天没有了说明书,他反而得心应手,很快就拼出了自己想要的作品。宸宸高兴地对我说:"涂老师,今天这个可是我自己拼的,没有别人帮我哦!"看得出,他对自己的作品非常满意。

教师反思:虽然拿走了说明书,让幼儿随意想象拼装,但一个套盒里少数固定的几种零件是否会局限孩子的思维?更多的材料选择才能激发孩子的创造意图。于是我决定将所有套盒的零件都集中起来放入一个大盒子中。材料的增多,会给孩子们更大的想象空间,激发孩子们的创造力。

第三天,来玩乐高玩具的孩子增加到十几个人。

今天的牛牛面对材料有了更多的选择,打破了他对图纸的依赖性,拼装出了他想象中的满意的作品。回顾时,牛牛拿着他拼好的作品跟我"炫耀":"涂老师,你看!这是我拼的砍树车,这是车头,车头上有电锯,后面的车上还有三套更换的衣服!"

第四天,牛牛看起来更加得心应手,乐此不疲地在盒子里翻找着自己需要的各种零件。他说:"今天我要拼一辆大卡车!"我问他:"卡车需要什么材料呢?"他回答道:"当然需要车轮,还有装货的货箱……"牛牛一边向我描述着自己对大卡车作品的想法,一边将自己需要的零件从盒子中找出来。

陆陆续续有孩子完成了作品。"这是我拼的警车""这是我拼的坦克""这是我拼的机器人"……在这个过程中,孩子们自信地相互分享、交流着自己的作品。

教师反思:从高结构变成低结构的乐高玩具,让孩子们重新主动、积极地开始了游戏。他们可以按照自己的实际兴趣和需要,以自己的实际发展水平和经验表达他们对客观世界的认知和感受,并进行更多的探索和创造,从而获得更多的成功经验,更加自信。

(资料来源:涂瑶.百变乐高[J].学前教育,2017〈3〉:15—16.)

案例分析:

案例中,教师发现乐高玩具的说明书限制了幼儿的想象和创造,于是教师尝试对玩具的投放进行调整,撤去说明书。有的幼儿选择照着盒子的图片拼,有的幼儿则自由发挥。这一改变满足了不同水平幼儿的需求。教师的思考并没有止步于此,而是继续观察和调整,通过增多材料来激发幼儿的想象力和创造力。教师将原本高结构的乐高玩具变为低结构的材料,鼓励幼儿主动探索和建构,提高自信心和成就感。

可见,基于华生的刺激—反应理论,创设丰富的环境,提供恰当的刺激,形成适宜的学习条件,可以塑造良好的行为。

(二)行为主义的思维

1. 思维的实质

我们都知道,思维是大脑的机能,人们用大脑进行思考,进而得出各种结论,解决各种问题。大脑的活动过程,如果不借助现代高科技的工具,凭肉眼很难观察到。同理,人的思维过程也很难被观察到。行为主义坚持的一个观点就是其研究对象必须符合科学研究的三个标准:可观察、可重复、可测量。那么这种情况下思维还能成为行为主义心理学研究的对象吗?如果答案是否定的,行为主义便面临了大危机。试问,一个不能研究思维的理论,何以称为心理发展理论？对此，华生提出了一个令人意想不到的解决之道，并将思维划入了行为主义的研究范畴。华生的解决方法是什么呢？他是如何将思维变为可观察、可测量、可重复的外在行为的呢？

华生指出：首先，思维依靠言语活动，言语是有声的思维；其次，思维是无声的言语，当我们闭紧嘴巴的时候，思维就是在内隐地运作的言语；最后，思维不仅依靠言语，还依靠动作和内脏组织，例如仔细观察正在认真阅读的人，会发现其喉部肌肉和咽喉器官等都在微微地颤动。因此，华生认为思维是肌肉组织，特别是喉部肌肉组织的内隐活动，与游泳等活动在性质上并无差异。

2. 思维的分类

在华生眼中，思维和言语是可以画等号的，思维是无声的言语，言语是有声的思维。他按不同的言语形式将思维划分为三类：习惯的思维、无声的思维、计划性思维（又称建设性思维）。

（1）习惯的思维。儿童面对熟悉的材料时所表现出的思维。例如对一本已经看了很多遍的绘本，儿童已熟知每一页上的人物与情节，此时儿童用到的就是习惯的思维。

（2）无声的思维。需要在一定程度上使用内隐言语来进行练习或复习的思维。例如幼儿学会了5的组合（1+4=5、2+3=5、3+2=5、4+1=5），在进行"2+3"的加法运算时，幼儿可能会在大脑中想一想5的组合，提取出相应的"2+3"，然后进行计算。此时的复习便是无声的思维。

（3）计划性思维。当需要解决一个新问题时，人便要用到计划性思维。面对问题，先是出现一系列进展的言语（思维）活动，接着出现与之相对应的一系列尝试行为，直至问题解决。这个过程便是计划性思维的表现。

3. 思维的发展

儿童的思维是如何发展的呢？从发生的角度看，儿童的思维是从对白开始的，然后到嘴唇的微弱活动，最后变成无声的言语活动。包括创造性活动在内，高级形式的思维也是言语活动，只不过是更高水平的而已。

（三）习惯

1. 习惯的定义

华生认为，所谓习惯是适应外部环境和内部环境的过程中，婴幼儿学会更快地采取行动的结果。按照行为主义的观点，习惯的形成实际上是一系列条件反射的整合，是一个一个刺激与反应之间的联结。

华生曾经以三岁的幼儿学会打开装有糖果的盒子为例，来阐述习惯的形成过程。当一个装有糖果的盒子放在一个已经掌握了一定动作技能的三岁幼儿面前时，这个幼儿为了能够吃到盒子里面的糖果，一开始会使出他全部的动作技能来对付这只小盒子，比如拖拽、用牙齿咬、用小手去抠盒子的缝，为了打开盒子可谓是使出了十八般武艺。经过不断地尝试，幼儿花费了20分钟才第一次打开了这只小盒子。随后，随着练习次数的增多，这个幼儿打开盒子的时间越来越短了，直到最后，这位三岁的幼儿只需用两秒便能打开盒子得到糖果。华生认为是因为幼儿形成了打开盒子的习惯,从而能够在面对盒子这个刺激时,采取快速的行动打开盒子。换言之,幼儿之所以在解决问题的过程中将不必要的动作精简,使动作时间大大缩短,就是因为已经形成了开箱子的习惯。

2. 影响习惯形成的因素

影响习惯形成的因素有两个:年龄和练习的分配。

(1)年龄。一般认为,年龄越小越有利于习惯的形成。对动物的研究发现,虽然年纪小的老鼠和年纪大的老鼠都能学习,但年纪小的老鼠表现得更好些。年纪小的老鼠不仅在学习过程中花费的时间较短,而且最终完成整个学习的总体时间也短。由此可见,在婴幼儿时期加强良好行为习惯的培养,不仅效果好,而且所需的时间更短。

(2)练习的分配。在习惯形成过程中,练习是必不可少的。所谓的练习就是重复所要形成的习惯的动作。例如培养幼儿将玩具放回原处的习惯,每次幼儿游戏结束时,都让幼儿将玩具放回原来的位置,不断重复,直至不用成人提醒,幼儿也能自觉、自动地实施该行为。

练习可以分为分散练习和集中练习。集中练习是指在培养婴幼儿形成一种习惯的时候,在一段较长的时间内反复练习该习惯。而分散练习则是指将这种练习安排在几个时间段或者几天内来进行,每次练习的时间较短。研究表明,分散练习的效果往往优于集中练习,集中练习比较容易产生疲劳或者抑制性反应,影响练习成绩。另外,由于分散学习比集中学习的效果更好,因此,即便需要在短时间内集中学习,也应该将学习分成几段,每段之间间隔一定的时间。

二、操作行为主义理论

斯金纳在哈佛大学攻读心理学硕士时受到了行为主义心理学的影响,从此开始了他一生的心理学研究生涯,对行为主义思想的发展和实际应用作出了重要贡献。斯金纳认为,行为是心理学的研究对象,通过实验的方法找出决定行为的特定因素,进而分析行为。为此,他创办了《行为的实验分析杂志》,主张到观察中寻找真理。

他自制了一个"斯金纳箱"(见图3-1),在箱内装一特殊装置,只要按压踏板就会出现食物。他将一只饥饿的老鼠放入箱内自由活动。老鼠起先在里面乱跑乱碰,偶然一次压到踏板得到了食物,此后老鼠按压踏板的频率越来越多,即学会了通过按压踏板来

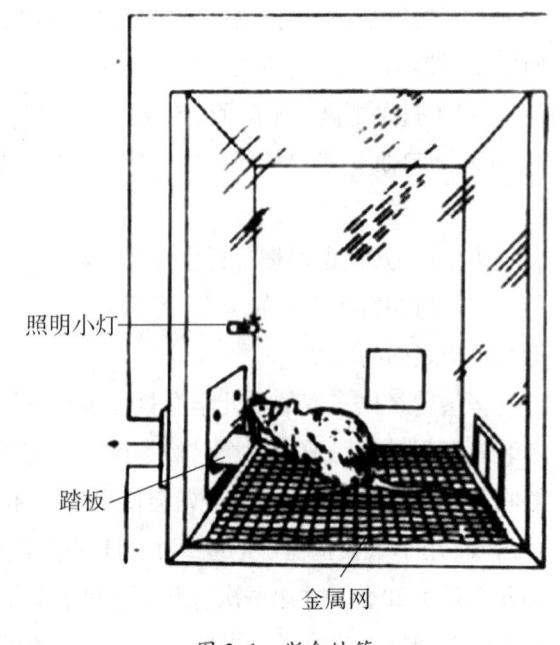

图3-1 斯金纳箱

得到食物的方法。斯金纳将其命名为"操作性条件反应",从此,斯金纳开始研究人是如何通过操作性条件反应来塑造自己的行为的。他的理论被称为操作行为主义理论。

（一）操作行为主义与经典行为主义的比较

操作条件作用就是通过结果和前因来加强或减弱有意行为的学习。在行为塑造模式（见图3-2）中,行为是自然现象,是获得刺激的手段和工具。情境刺激下发生的行为反应产生结果,结果产生后效反过来又影响行为。

与操作条件作用相比,经典条件作用主要探讨的是自主的无意识反应,如分泌唾液和感到恐惧等。而人类的学习大多数都是有意的行为,并不是这种无意识的反应。操作条件作用所探讨的反应显然更为复杂,是有意识的行为反应。因此操作条件作用和经典条件作用存在着较大的区别,具体见表3-2。

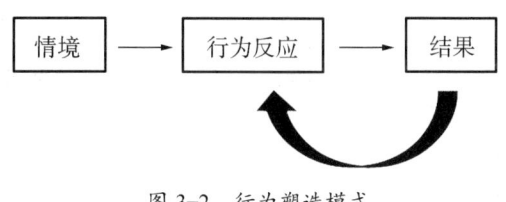

图3-2　行为塑造模式

表3-2　经典行为主义与操作行为主义的比较

行为主义类型	经典行为主义	操作行为主义
代表人物	华生	斯金纳
行为的性质	无意的、情绪的、生理的	有意识的
顺　　序	行为发生在刺激之后	行为发生在结果之前
学习的发生	刺激替代	行为的结果影响随后的行为
举　　例	孩子不喜欢早教中心的点心,进而不喜欢整个早教中心,拒绝去中心。	孩子在早教中心搭建积木时得到表扬,于是一到中心就去搭建积木。

（二）操作行为主义的理论要义

操作条件作用是通过结果和前因来加强或减弱有意行为的学习。儿童的发展过程某种意义上就是一个有意行为的学习过程。

1. 前因

在操作行为主义中,前因是指发生在行为之前的事件。前因能提供一些信息,表明哪种行为将导致积极的结果,哪种行为将导致消极的结果。以斯金纳的鸽子啄圆盘实验为例,鸽子学会了在灯亮的时候去啄圆盘以获得食物,但是在灯灭的时候不会作出如此反应,因为在灯不亮的时候啄圆盘,圆盘内没有食物出现。在这个实验中,鸽子学会了使用前因——灯光作为线索去辨别啄圆盘的结果。

在幼儿园中我们也经常能够观察到孩子利用前因来调整自己行为的例子。例如,教师阴沉着脸走进教室的时候,很多孩子便会知道在接下来的时间内最好乖乖地坐着,不要进行任何违反教室规则的活动。在这里,教师的脸色便是前因,幼儿学会了看教师的脸色来调节自己的行为。

2. 结果

结果是指行为发生后所达到的最后状态，在某种程度上，结果是决定人们是否会重复该行为的重要因素。按照所发生行为的增减，操作行为主义把结果分为两类：强化和惩罚。两类行为结果的区别见表3-3。

表3-3 强化和惩罚的比较

结果类型	强化（鼓励行为）	惩罚（抑制行为）
呈现刺激	正强化	呈现性惩罚
移去刺激	负强化	移去性惩罚

（1）强化

斯金纳是真正对强化进行全面、系统的研究的第一人。在条件作用中，凡是能使个体操作性反应的频率增加的安排，均称为强化。产生强化作用的刺激称为强化物。强化是斯金纳学习理论的核心概念。

强化分为正强化和负强化。正强化又称积极强化，指施加某一安排，从而使个体的操作性反应频率增加的强化方式。负强化又称消极强化，指撤销某一安排，从而使个体的操作性反应频率增加的强化方式。比如一个喜欢看动画片、注意力容易分散的孩子，一旦他出现专注的行为，教师就允许他看一定时间的动画片作为奖励，这是正强化。再比如，为了提高一个孩子的注意力，答应他如果他能够专注地完成任务，就免去他当天的家务活，这就是负强化。无论是正强化还是负强化，其目的都是要提高儿童的专注力。

强化按时间又可以分为连续强化和间隔强化。连续强化指对每次正确反应都给予强化，强化物连续反复出现，例如一款学习APP中，孩子每次答对问题都出现一个大拇指。间隔强化指仅对一部分正确反应予以强化，包括定时强化、定比强化、不定时强化和不定比强化。前两者分别以时间和事件为单位，后两者属于随机强化。例如，每天登录学习就送一朵小红花，这就属于间隔强化的定时强化。

（2）惩罚

经常有人将惩罚与负强化混为一谈。事实上，二者的目的截然不同，强化的目的是使行为增加，而惩罚是为了使行为减少。

惩罚分为呈现性惩罚和移去性惩罚。呈现性惩罚指在某一行为后出现的刺激会抑制或减少该行为的发生。移去性惩罚指移除某一刺激以减少不当行为的发生。例如幼儿经常不好好吃饭，为了让幼儿一边吃饭一边玩的行为减少，可以采用呈现性惩罚——当幼儿开始边吃边玩时，妈妈立刻对其进行批评教育；也可以采用移去性惩罚——告诉孩子，由于他边吃边玩的行为，当天看电视的时间减少10分钟。

案例 3-2

可以惩罚幼儿吗？
——基于强化理论的幼儿园有效奖惩策略

幼儿处在行为习惯逐渐形成的重要时期，作为教育者，应当鼓励幼儿的好行为，同时将不好的行为习惯扼杀在摇篮之中。因而，对于幼儿教师而言，为了更好地进行日常教育管理、培养幼儿养成良好的生活习惯，奖励和适当的惩罚是必不可少的教育手段。然而，由于人们常将惩罚与体罚联系起来，使得教师对惩罚这一教育手段充满了畏惧，而教育界一度盛行"好孩子都是夸出来的"这一说法，让许多教师将"你真棒"挂在嘴边。这样"多奖不惩"的奖惩方式是否对所有的幼儿都有益呢？

案例： 大班的小宇十分好动，最近迷上了跳楼梯的"游戏"，每次下楼梯，最后两级甚至三级台阶总要一起跳下来，完成一次"壮举"之后还要大声欢呼，引得其他小朋友也跃跃欲试。老师多次告诉小宇跳楼梯的危险性，可是一旦老师没看见，小宇还是继续这项刺激的"游戏"。中班的朵朵是个喜欢用暴力解决问题的小姑娘，一旦和小伙伴发生争执，挥起拳头就打，经常有小朋友哭着向老师告状。老师告诉朵朵打人是不能解决问题的，朵朵满不在乎地说："我在家就是这样的。"

案例分析： 在幼儿园中，幼儿有时会做出一些危险动作，就像小宇和朵朵一样。这些动作，有些是出于幼儿的好奇心，有些是源于幼儿从小养成的不良习惯，如不及时制止，将会对幼儿自身和他人造成极大的危害。然而，在这些危险动作中，幼儿似乎尝到了一些"甜头"，如小宇跳楼梯体验到刺激的感受，朵朵打人抢到了心仪的玩具，因此，要想纠正幼儿，常规的教育方式效果并不理想。这时，适度的惩罚能够起到快速制止幼儿不良行为的作用，让幼儿知道这些行为将可能带来可怕的后果，让幼儿因畏惧而停止危险行为。需要强调的是，惩罚并不等于体罚。体罚的手段往往过于严酷，会对幼儿的身心健康造成严重的危害，是一种非常极端的惩罚方式，在幼儿园中绝不应该出现。而像减少游戏时间、在静思角反思等惩罚方式，既能够起到停止不良行为的作用，也不至于影响幼儿的身心健康，可以说，在一些情况下，适当的惩罚是十分必要并且有效的。

幼儿园的有效奖惩策略有：一、激发幼儿的内在兴趣，有必要才奖励。二、巧选奖励方式，适度奖励。三、细化奖励语言，有针对性地奖励。四、慎用剥夺式惩罚，让惩罚更"温柔"。五、把握最佳教育时机，及时惩罚。

总之，多鼓励、少批评的方式能够为幼儿带来更多的快乐，是幼儿园教育所提倡的。然而，这并不意味着凡事都需要奖励，惩罚绝对要不得。培养幼儿良好的行为习惯、为幼儿创建安全健康的成长环境是幼儿教师的职责所在。教师应当发挥自己的智慧，恰当选择奖惩策略。

（材料来源：王彤音.可以惩罚幼儿吗？——基于强化理论的幼儿园有效奖惩策略［J］.江苏幼儿教育.2014，3：37—40.）

（三）操作行为主义在婴幼儿教育中的应用

在婴幼儿教育方面，斯金纳的学习理论显示出巨大的力量。一方面教师和家长可以利用强化来促进适宜行为的发生，培养良好习惯的养成。另一方面对于一些不适宜行为，也能够利用惩罚来消减。

1. 普雷马克原理

普雷马克原理最早是由普雷马克提出的，指利用频率较高的活动来强化频率较低的活动。应用到婴幼儿的行为方面，经常用婴幼儿喜欢的行为或物品作为其不喜欢的行为或物品的有效强化物。例如，对于喜欢吃肉而不喜欢吃蔬菜的孩子，可以通过"一口蔬菜一口肉"的方式，让孩子喜欢的肉成为厌恶的蔬菜的有效强化物。由于祖母对孙辈经常使用这种方法，所以又被称为祖母原则。

教师要想有效地使用普雷马克原理，必须对幼儿有所了解。每个幼儿喜欢的行为、物品或者活动都是不一样的，而且婴幼儿与成人不同，他们的喜好会随时间而变化，有时变化的频率非常快。教师如何才能正确掌握幼儿的喜好，从而选择有效的强化物呢？一般可以从如下三方面入手：① 在早教中心或幼儿园中注意观察幼儿的行为习惯，例如玩具的选择、随身物品的颜色、吃饭的顺序。② 保持良好的家园联系渠道，与幼儿的主要抚养人多多沟通，了解幼儿的情况。③ 利用和幼儿个别交流的机会，有目的地询问幼儿的喜好，例如："你最喜欢的游戏是什么？""最喜欢吃的两种点心是什么？""最喜欢的水果是什么？""最喜欢一起玩的小伙伴是谁？""在家里最喜欢做的三件事是什么？""你最喜欢听什么故事？"这样在充分了解幼儿喜好的基础上，就能够有针对性地选择有效强化物来提升幼儿的积极行为。

2. 社会性隔离

社会性隔离就是将那些情绪高涨的、妨碍了教室里其他幼儿正常活动的幼儿从班级中隔离出来，让他单独坐到教室的某个角落里。社会性隔离应该是早教中心和幼儿园中常见的教师使用的教室管理方法之一。社会性隔离从本质上分析应该是属于惩罚的一种，其目的是降低直至消除幼儿的某些妨碍他人活动的行为。

社会性隔离使用时必须注意如下事项：

（1）社会性隔离在幼儿园或早教中心使用的目的不是为了惩罚某个幼儿，而是保障大多数婴幼儿的活动不被打扰。因此教师使用时不要针对某个幼儿，一旦发现被隔离的幼儿已经平静下来,或者表现出非常想继续原先的活动时,教师就应该让其重新回到集体中。

（2）社会性隔离使用的时间不宜过长。在幼儿园中经常可以观察到这样的现象,教师采用社会性隔离后,被隔离的孩子一直被排斥在活动之外,直到该活动结束。甚至有的教师在下一个活动环节开始后,仍对幼儿继续实施之前的社会性隔离。有的教师则要在自己有空后才与被隔离的孩子进行交谈,让被隔离的孩子意识到自己的不当行为后,才让其回归集体。上述这些做法其实在某种程度上会使社会性隔离这种方法对幼儿造成伤害。

（3）对幼儿实施社会性隔离不宜将孩子隔离在教师的视线之外。即教师应该时刻都能观察到被隔离孩子的状况,一旦发现其情绪平复便可使其回归活动。

三、社会学习理论

20世纪30年代,社会学习理论诞生于耶鲁大学。J. 多拉德和N. 米勒先后发表了《挫折与攻击》《社会学习和模仿》《人格和心理治疗:关于学习、思维、文化的分析》等著作,认为内驱力、线索和强化在行为模式的建立中起着关键的作用,影响社会化最重要的就是模仿,而模仿就是学习。20世纪60—70年代,在对传统行为主义的继承与批判中,班杜拉的社会学习理论应运而生,包括观察学习、自我效能、行为适应与治疗等内容,逐渐进入发展心理学的领域。该理论后来又称为社会认知理论。

（一）观察学习

1. 什么是观察学习

班杜拉的社会学习理论研究的是儿童的社会化,即儿童如何掌握社会规范转变为符合社会要求的成人。班杜拉认为,儿童在社会化发展的过程中,其学习方式有两种,一种是亲历学习,一种是观察学习。班杜拉认为人类主要的学习方式是观察学习。

亲历学习是指儿童亲自动手并体验行动结果而进行的学习,实际上就是做中学。在亲历学习的过程中,那些能取得成功的行为被保留下来,而那些导致失败后果的行为则被舍弃。观察学习,也称替代性学习或无尝试学习,就是通过观察别人而进行的学习,学习者在学习过程中没有外显的行为。人类的大部分学习都是替代学习,通常是通过观察或聆听各种来源的信息而进行学习,尤其是在儿童社会化的过程中,儿童社会性行为的获得与社会规则的掌握等大部分都是通过观察学习完成的。例如幼儿可以通过听教师讲述过马路的规则学习到"红灯停绿灯行",而不一定要自己去马路上亲身实践才能够掌握这个规则。

2. 观察学习的过程

观察学习的过程包括:注意过程、保持过程、运动复现过程、强化和动机过程。

（1）注意过程。这是学习者在环境中的定向过程,是观察学习的第一步,观察学习的方式和数量都由注意过程筛选和确定。观察者和榜样特征会影响注意过程,例如子女较多地模仿父母、婴幼儿模仿同伴和教师。

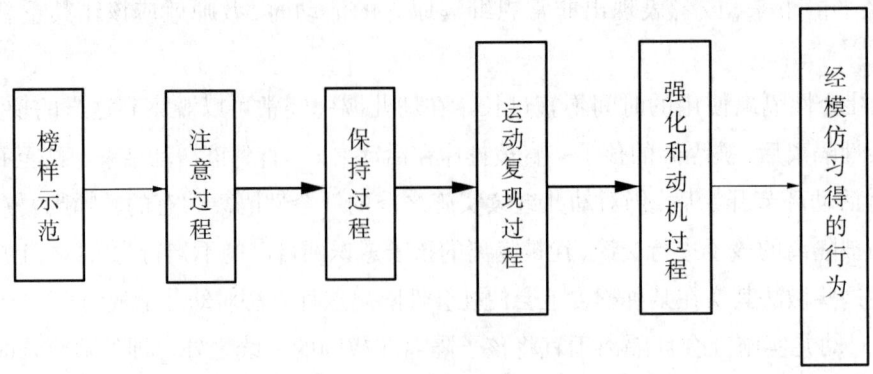

图 3-3 观察学习的过程

（2）保持过程。当观察者注意到一个行为后需要在头脑中保持所见内容的符号形式。这一阶段先将榜样行为转换成记忆表象，然后记忆表象再转换为言语编码，形成动作观念，表象和言语编码同时储存在头脑中，对学习者以后的行为起指导作用。5岁以下的幼儿主要依靠视觉表象来保持所观察到的行为。

（3）运动复现过程。将记忆中的动作观念转换为行为，这是观察学习的中心环节。观念在第一次转化为行为时容易出现偏误，所以仅仅通过观察学习，技能难以完善，需要练习和纠正使动作观念转换为正确的动作，这需要一定的运动技巧。

（4）强化和动机过程。动机是推动人行动的内部动力。动机过程起着引起和维持作用，贯穿观察学习的始终。人们通过观察学习习得行为，但是否操作这一行为取决于强化引起的动机作用。

班杜拉提出了三种促进观察学习的强化模式。第一种为直接强化，当婴幼儿正确重复了行为，教师就给予强化。例如早教中心的教师观察到孩子随母亲来到早教中心以后，自觉地脱了小鞋子，并把它们放到鞋柜里，这时，教师就应该及时给予强化，摸摸孩子的头，给一个赞许的眼神，等等。第二种为间接强化，如果个体看到他人因某一行为得到奖赏，也会受到鼓励。例如教师观察到一个幼儿能够自己擤鼻涕，然后就给予一个微笑以示奖励，旁边如果有幼儿能够观察到这一现象，那么这个幼儿也会倾向于尝试自己擤鼻涕。第三种方法是自我强化，指当个人行为表现符合或超出自我标准而带来的强化。这种强化对婴幼儿和教师都很重要，因为这种强化是受到内部的兴趣所驱动，而不仅是出于对外部奖赏的渴望。自我强化能够使幼儿保持对学习的兴趣，例如在蒙氏幼儿园中，刚满3岁的幼儿成功搭建起粉红塔以后会表现出一种自我满足，他会站在粉红塔旁边久久地观赏，露出满意的眼光，嘴角洋溢着微笑，有的幼儿还会跑去让其他的小伙伴一起来观赏自己搭建的粉红塔。同样，当教师看到自己班级的婴幼儿自理能力进步了，会自己做许多事情后，由内而外地产生作为一名幼教工作者的自豪感与欣慰感，这种就是自我强化。

3. 观察学习的模式

观察学习的模式，即榜样示范，有八种不同的模式：

（1）行为模式，即通过榜样的操作向学习者传递动作的模式。

（2）言语模式，即通过榜样的言语指导来传达行为的模式。

（3）象征模式，即通过各种媒体，如电视、电影、小说等象征性中介物呈现榜样行为的模式。

（4）抽象模式，即传递行为背后的原理和规则的模式。

（5）参照模式，即附加呈现具体的参考事物活动的模式，通常在传递抽象概念和困难操作时使用。

（6）参与性模式，即观察和模仿相结合、边看示范边操作的模式，例如学习舞蹈动作。

（7）创造模式，即在观察多种榜样行为的基础上加以组合和创造的模式。

（8）延迟模式，即在观察榜样示范后一段时间，再现行为的模式。

> **拓展材料**
>
> **榜样对大班幼儿利他行为的影响研究**
>
> 利他行为是人际交往过程中的一种特殊行为方式，行为的发生是为了使他人受益，利他行为是人们出于自愿的、高层次的亲社会行为。对于学前儿童来说，利他行为有助于他们今后人际关系的形成，有助于其身心健康和社会性的良好发展，并对儿童良好个性的形成有着至关重要的促进作用。
>
> 研究采用观察法中的事件取样法，对大班幼儿日常生活中所发生的有关"榜样对幼儿利他行为的影响"事件进行观察并取样记录，从而获取有效案例。研究者选取山东省菏泽市某幼儿园三个大班的幼儿为被试，每班人数分别为30人、30人、31人，总人数共91人。
>
> 结果如下：
>
> 1. 同伴榜样较之其他榜样对幼儿利他行为的影响更大
>
> 同伴是幼儿人际交往的主要组成部分，在幼儿的成长过程中，幼儿与同伴之间更易产生共鸣，他们的认知水平相近，尤其表现在与同伴的游戏活动中。由于幼儿天生喜好模仿，在与同伴的交往中，会不知不觉地将同伴的行为内化，从而习得与对方一致的行为习惯。因此，同伴榜样较其他类型的榜样对幼儿利他行为的影响更大。
>
> 2. 观看多个榜样的幼儿比观看单个榜样的幼儿更易发生利他行为
>
> 人是社会性动物，大多数都具有从众心理。在幼儿的日常活动中，我们不难发现这样的情景：教师对幼儿提出同一问题，若前几名幼儿所作出的回答得到老师的肯定或赞许，那么在其之后回答问题的幼儿大多数也会选择同样的答案。在幼儿利他行为事件的发生过程中，由于这种从众心理，观看多个榜样的幼儿往往比观看单个榜样的幼儿更易发生利他行为。

3.榜样被表扬强化后更易引起幼儿利他行为的发生

幼儿的利他行为主要是通过观察和模仿产生,幼儿天生喜好模仿,榜样的直观性和生动性更利于利他行为的发生。斯金纳的强化理论指出:对人类的某种行为进行奖赏,可以提高这种行为再次发生的频率。相同地,家长或教师对某种或某个利他榜样进行表扬强化后,便会引起幼儿足够多的注意,进而增加利他事件的发生。

因此,可以利用榜样培养幼儿利他行为的措施有:给幼儿树立真实亲切并符合幼儿发展规律的榜样;加强引导幼儿主动寻找自己心目中的榜样;家园共育,给幼儿树立多个榜样;榜样教育过程中加强对榜样的表扬强化。

(材料来源:张珊.榜样对大班幼儿利他行为的影响研究[J].课程教育研究,2018,(24):236—237.)

(二)社会性行为的研究

1.攻击性行为

班杜拉认为婴幼儿社会化的过程中,主要是通过观察他们生活中的重要人物,如父母、兄弟姐妹、同伴或教师的行为而习得社会行为,这些人也称为榜样。那么观察学习对于儿童的发展究竟有何作用与影响呢?为此,班杜拉设计了有关攻击性行为的获得的经典实验——波比娃娃实验,来说明观察学习的作用。

从1963年开始,班杜拉对儿童进行了一系列的实验。在前期实验中,他将被试分为实验组和对照组。实验组观看一部影片,示范原型对一个充气波比娃娃又踢又打,一边还喊:"把它打倒!扔到外面去!"对照组没有观看影片。而后,让每个儿童单独与波比娃娃待在实验室中。结果发现,实验组儿童对波比娃娃的施暴行为是对照组的两倍多,这说明实验组模仿了范型的暴力行为。在随后的实验中,班杜拉研究的是范型的行为后果对儿童的模仿是否产生

图3-4 波比娃娃实验

影响,这次有三组参加。第一组看到范型受到奖赏,第二组看到范型受到惩罚,第三组看到范型既没受到奖赏也没受到惩罚。后来在与波比娃娃玩耍时,第一组的行为最具攻击性,第二组最不具攻击性,第三组居中。然而,当被鼓励去模仿示范原型的行为时,三组儿童都表现出了类似的攻击性。通过这一实验,班杜拉认为三组儿童在观察后实际上都学会了范型的攻击性行为,只不过在看到范型受到强化,或儿童自己期待在做出相同举动后也能得到强化时,这种行为才更有可能发生。研究表明,学习通过观察便可以发生,但学习是否转化为行为表现出来,则要取决于观察者对行为结果的预期。具体而言,实验获得了如下三个结论:第一,观察或接触到攻击性行为能增加观察者的攻击倾向;第二,当个体具有攻击倾向时,任何一种情绪状态的唤醒都可能触发攻击性行为;第三,情绪状态的减弱有助于降低攻击性行为发生的可能。

2. 亲社会行为

除了上述攻击性行为的实验,班杜拉还进行了亲社会行为的研究,该研究主要是为了证明在亲社会行为获得的过程中,观察学习与口头劝说哪一个影响更大。亲社会行为是指对他人有益或对社会有积极影响的行为,如分享、合作、助人。关于亲社会行为的研究,班杜拉重点比较口头劝说和榜样行为对儿童利他行为的影响。

首先让小学三、四、五年级的儿童做一种滚木球游戏,作为奖励,他们在游戏中都得到了一些现金兑换券。然后把这些儿童分成四组,每组有一个起榜样作用的实验助手参与。第一组儿童和一个自私自利的榜样一起玩,这个榜样告诉儿童要把好的东西留给自己,并带头不把得到的兑换券捐献出来。第二组儿童和一个乐善好施的榜样一起玩,这个榜样向儿童宣传自己得了好东西要分享,并且带头把得到的兑换券捐献出来。第三组儿童和一个言行不一的榜样一起玩,这个榜样虽声称人人都应为自己考虑,实际上却把兑换券放入了捐献箱。第四组儿童的榜样则是口里说要把得到的兑换券捐献出来,实际上却只说不做。实验结果是,第二、第三组捐献兑换券的儿童比第一组和第四组均明显要多。实验表明,劝说只能影响儿童的口头行为,对实际行为则基本无影响。另外,行为示范对儿童的外部行为有非常显著的影响。

无论是攻击性行为还是亲社会行为的获得,班杜拉的研究证明了儿童社会性行为的养成更依赖于观察学习,也就是我们常说的"身教",而非"言传"。这对于如何帮助婴幼儿养成良好的社会性行为习惯有着重要的理论启示。

(三)交互决定论

1971年,班杜拉发表了《社会学习理论》,该书重点全面讨论三元交互决定论,系统地阐述了班杜拉的学术思想,标志着班杜拉社会学习理论体系的初步成熟。

如图3-5所示,其中B指行为,P指人,E指环境。班杜拉认为行为、认知、环境三者彼此相互联结、相互决定,这一

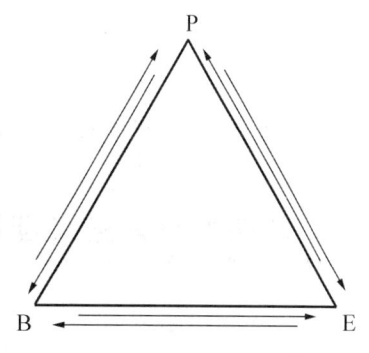

图3-5 三元交互决定论模型

过程涉及三个因素的交互作用而不是两因素的结合或两因素之间的单向作用。行为和环境条件作为交互决定的因素而起作用。人的认知因素（观念、信仰、自我知觉）和行为同样是彼此交互决定的因素。

第三节　对行为主义发展理论的评析

一、对经典行为主义理论的评析

（一）积极意义

纵观西方心理学的发展史，自冯特在德国莱比锡大学建立了世界上第一个心理实验室后，一大批心理学家都试图将心理学从"哲学的附庸"的窘迫境地解放出来。而华生的经典行为主义理论真正地使心理学从哲学的边缘跳入了科学之林，使之成为自然科学的一个分支。

张厚粲先生在《行为主义心理学》中指出："行为主义要求预测和控制行为，必须通过客观的实验观察，通过对观察到的事实积累，然后形成概括性假设，再付诸实验印证或实际应用。行为主义者总是力图将实验中发现的心理事实及其条件加以数量化和操作化。总之，和冯特时代的心理学相比，行为主义巩固了实验心理学的方法学基础。"经典行为主义注重客观经验研究，而非主观内省，推动了美国实验心理学的巨大进步。

华生认为，行为主义的目的是控制行为，可以通过学习来预测和控制行为。这使得心理学出尘入世，和各行各业联系起来，包括工业、教育、军事、医疗等都开始运用心理学知识，应用心理学有着日益广阔的前景。

另外，华生对儿童心理和教育提出了指导原则，有助于儿童心理和儿童教育的实践。例如华生反对体罚幼儿，主张从小培养良好的习惯，重视家庭教育、性教育等，在今天看来仍是科学、合理的。

（二）局限性

华生的行为主义也具有一些局限性。他否认意识是心理学的研究对象，这和当代心理学、生理学和有关学科的研究结果相冲突，过于绝对。华生重视客观实验、重复性强的经验研究，这导致了研究方法的单一，不利于维持心理学研究的生命力。另外，华生是个极端的环境论者，过分强调环境对儿童发展的作用，过于片面。

二、对操作行为主义理论的评析

（一）积极意义

如果说巴甫洛夫是对行为进行实证研究的先驱，华生是行为主义的创始人，那么斯金纳则是行为主义学派的继承者和发展者。

斯金纳的操作性条件反射理论，修正了华生的经典行为主义中的S—R公式的弊端，丰富了早期行为主义的内容，形成新行为主义。斯金纳提出的强化理论，使得对行为的矫正成了可控制、可精确化的操作，对教育教学实践产生了重大的影响，并推动了人类学习理论研究的发展。

在儿童教育方面，他更倾向于运用强化而非惩罚。他称惩罚是一种罪恶，认为儿童做出良好行为后要及时强化，否则，这种行为容易消退。这就要求我们在教育教学中要敏锐地观察到儿童的进步，利用强化激励理想行为的出现。他将强化分类，提出"强化程序表"，提倡合理地综合运用各种类型的强化，这些都有利于教育教学质量的提高。

斯金纳在教学机器中的程序设计，被广泛应用于日益流行的计算机辅助教学（CAI）和网络技术中。现代认知心理学、人工智能、临床的新行为疗法等领域都受到斯金纳理论的影响。他的强化理论还丰富了现代管理科学，被广泛地运用于社会的各项管理中，成果卓著。

（二）局限性

斯金纳创造性地发展了学习理论，但也存在着许多不足，例如明显的机械论色彩，人成了环境和形形色色的强化作用的消极承受者。他忽视儿童心理发展的内部矛盾，将心理过程与外显行为等同起来。强化是不是学习的必要条件？学习是不是一定要有外显行为？强化是不是要直接作用于学习者？对于这些问题，斯金纳没能作出科学的解释，因此，这也成为批评者对其理论开弓的箭靶。另外，他不愿意强调人类与动物行为的本质区别，将人与动物的心理混为一谈，忽视了人的社会性、主观能动性等特殊性，这显然是不科学的。

三、对社会学习理论的评析

（一）积极意义

社会学习理论家注意吸收当代心理学主要派别的研究成果并创造性地开展一系列实验研究，以班杜拉为代表，突破了旧的理论框架，吸收了认知心理学的研究成果，把强化理论与信息加工理论有机地结合起来阐述学习的过程和机制，并把社会因素引入到研究中。

班杜拉从人的社会化角度入手，指出观察学习的重要性，把研究着力点放在学习过程上，更贴近儿童的真实学习情况。关于德育心理和行为矫正的研究行之有效，研究内容具有社会针对性，改变了过去的学习理论普遍重个人、轻社会的倾向。

班杜拉的三元交互决定论认为人、行为和环境之间是相互作用、相互影响的。人既受环境的决定性影响，又享有部分的自由，能部分地主宰自己的命运。可见，社会学习理论在论述人与环境的关系和考察人的本性时，含有一定的辩证法思想，并批评了机械论与宿命论。在实验研究时，没有将动物研究中的结论直接简单地推广到人类，规避了斯金纳理论中的弊端，使结论更加具有说服力。

（二）局限性

班杜拉的社会学习理论也有其明显的不足和局限性。

班杜拉虽然强调了人的认知能力对行为的影响，但缺乏对认知因素的充分认识，对人的内在动机、内心冲突、建构方式等因素未作深入研究。他的社会学习理论虽然可以解释间接经验的获得，但对于比较复杂的程序性知识，以及陈述性知识和理性思维的形成缺乏说服力。另外，他的社会学习理论是以儿童为研究对象建立起来的，但他忽视了儿童自身的发展阶段对观察学习产生的影响。

本 章 小 结

行为主义发展理论在心理学的发展中具有重要的影响。

经典行为主义的代表人物是华生。刺激—反应是行为主义的基本公式，通过刺激可以预测反应，通过反应可以推测刺激。教师和家长可以根据儿童的年龄和学习内容，选择恰当的学习方法，例如合理分配集中练习和分散练习，来培养儿童的良好习惯。

操作行为主义的代表人物是斯金纳。操作条件作用就是通过结果和前因来加强或减弱有意行为的学习过程。强化是斯金纳学习理论的核心概念。一方面，教师和家长可以利用强化来促进良好行为的发生，培养习惯的形成；另一方面，对一些不适宜的行为，也能够适当利用惩罚来减少或消退。

社会学习理论的代表人物是班杜拉。他认为儿童在社会化发展的过程中，最主要的学习方式是观察学习。观察学习对婴幼儿良好社会性行为习惯的养成具有重要的作用。

延 伸 学 习

 **拓展阅读**

对斯金纳行为主义思想影响重大的人

我必须承认我受到罗素、华生和巴甫洛夫不少教益。我不认得华生，也从未见过他，但是他对我的影响无疑是很重要的。我和桑代克（他不是一个行为主义者，但在行为的科学方面，仍然是个重要的人物）交往不多。他知道我对言语行为有兴趣，便把他写的《语言心理学的研究》寄给我。我写信向他表示谢意，在信中告诉他我对头韵做过分析，并附带说："希尔加德在《心理学公报》中对我所写的《有机体的行为》一书的评论，使我得知你在同一研究领域中做了许多我自己认识不到的工作……我似乎曾把你的观点与全部现代心理学的观点等量齐观。显而易见，我只是继承了你的迷箱实验罢了，但是我过去却忘记把这个事实向我的读者言明。"桑代克复信说："我能为你这样一位研究工作者效劳，比教我建立一个'学派'更加高兴。"

我与亨特很熟。他给我提过关于专业方面的劝告。他曾对我说过:"美国的心理学只差一点儿思想就可大功告成。"(他用拇指与食指比一比这点儿思想有多大。)他说这句话时那种略带歪扭的微笑,至今还历历在目。

赫尔参观过我在剑桥的实验室,并提出了一些建议。我一直未曾按照他的建议去做。我曾经在他主持的耶鲁大学的研究班讨论会上讲过话,还曾被邀请在他逝世前夕,为他的肖像揭开面纱。在他的书架上"学习的实验研究"标题下面,曾经一度陈放着我的一大卷论文。

托尔曼于1931年在哈佛大学暑期学校执教。我和他曾经有过长时间的讨论。

我还珍惜另一位行为主义者的友谊,那就是康特。在印第安纳大学,我曾多次和他互相切磋,在彼此讨论问题时,我从他的卓越的学识中,得到不少教益。

(资料来源:陈泽川.斯金纳〈B. F. Skinner〉〈自传〉[J].河北师大学报〈哲学社会科学版〉,1979〈03〉:77—78.)

 **学习活动**

结合幼儿园实际,讨论惩罚与负强化之间的区别,并举例说明。

 复习与思考

1. 如何理解经典行为主义公式S—R的内涵?
2. 结合书中有关榜样示范的内容,思考在幼儿园中如何使用这一策略。

第四章 精神分析发展理论

学习目标

1. 了解精神分析发展理论的代表人物和基本观点。
2. 掌握精神分析发展理论的核心概念和理论体系的发展进程。
3. 了解精神分析理论的优缺点及对幼儿教育的启发。

第一节 精神分析发展理论的背景及其代表人物

一、理论背景

（一）哲学背景

1. 无意识

精神分析学派的"无意识"概念并非弗洛伊德首创，而是来源已久。作为哲学概念的"无意识"的发展经历了一段长期的演变。

早在公元前3世纪的西方，苏格拉底就察觉到了无意识的存在，他曾经总是感到有一种声音经常对他发出忠告，而他也会服从这种声音，他把这种声音称之为"灵异"。苏格拉底的学生柏拉图提出了灵魂的二度说，他认为灵魂是所有已存在、现在存在、将要存在的事物以及与它们相反的事物的第一源泉和运动因，并且灵魂是先于物体的，是第一位的，而物体是后生的、第二位的，物体被灵魂统治。之后的笛卡尔相信天赋观念理论，认为知识原本就在人的心灵中。在以上哲学家的概念中，"灵异""灵魂"以及"知识"就是人内心中原本就存在的、支配着人行为的本能欲望，是人类行为的动因。17世纪末，德国哲学家莱布尼茨提出了微觉统觉说，他认为世界中能活动的、有意识的实体是由单子组成的，单子的发展过程被称为一种"明了化"的过程，也就是不明了的知觉向明了的知觉发展，低级的知觉就是微觉，微觉是无意识的，无意识的微觉发展为意识，便成为统觉。

随着哲学与心理学的发展，到19世纪，德国哲学家、心理学家赫尔巴特提出了"意识阈"

的概念。意识阈限是说一种被抑制的观念，要进入现实观念的状态，必须要跨过一条界线，这条界线就是意识阈。1819年，叔本华编写出版了《作为意志和表象的世界》，这本书中他用"意志"来表达驱动着人类的、看不到的内在力量。

经过众多哲学家的思考和探索，到19世纪末的时候，无意识在哲学界已经是一种很流行的说法。弗洛伊德虽不是第一个察觉或提出无意识概念的人，但他是第一个建立无意识理论的人。

2. 本能

精神分析学说关于"本能"的阐释可以追溯到19世纪德国的反理性主义哲学。反理性主义哲学的观点就是"意志是宇宙的本体，意志高于理性"，其代表人物是叔本华（A. Schopenhauer，1780—1860）和尼采（F. W. Nietzsche，1844—1900）。叔本华认为人生是痛苦的，整个世界的基础就是意志，意志以及意志的活动构成人生活的方方面面，这是人的本性。人的所有意愿以及行动都来自"缺乏"，就是因为缺乏某些东西才产生了欲望，并且付诸行动。他认为意志是一种盲目的、欲求不满的冲动，当人从他想要的东西中获得了满足，他就会产生空虚和无聊，就会追求下一个满足，因此意志的作用是无休无止的。而尼采也持有非常相似的观点，他认为生命本身就是本能，是追求力的成长、延续，追求力的积累，以及追求权力的本能。这两位哲学家与弗洛伊德的理论间存在着内在联系，都显示出强烈的反理性倾向。

（二）心理学背景

弗洛伊德的思想还受到他的老师——心理学家布伦塔诺（F. Brentano，1838—1917）的影响。与德国当时盛行的实验心理学不同，布伦塔诺提出了意动心理学。布伦塔诺的理论确定了心理学的基本观点，也就是心理学应当研究什么。他认为心理学应当研究的是心理活动（意动），而非心理内容。比如一个人看到自己的偶像时感到特别激动，此时心理学需要研究的不是"激动"本身这个心理内容，而是要研究"激动"产生和发生的过程，也就是"激动"的心理机制。弗洛伊德从布伦塔诺这里接受了动力观点以及精神构造观。

二、代表人物

（一）弗洛伊德

西格蒙德·弗洛伊德（Sigmund Freud，1856—1939）出生在摩拉维亚的弗莱堡小城，父母都是犹太人，家中做毛织品生意。他有两个同父异母的哥哥，两个同胞弟弟，五个同胞妹妹。因为家庭生意的原因，全家在弗洛伊德8岁的时候迁居维也纳，弗洛伊德在此度过了他的一生。

弗洛伊德天资聪颖，在语言方面有过人的天赋，他精通希伯来语、德语、拉丁语、希腊语，可以流利地朗读英语和法语，并且自学了意大利语和西班牙语，优异的语言天赋使他能够从

不同语言文化中汲取文学和哲学的思想精华。

弗洛伊德9岁就进入中学，17岁从中学毕业。中学即将毕业的时候，他聆听了歌德论自然的论文演讲，并接触和了解了达尔文的进化论，这激发了他对自然科学的兴趣。1873年他进入维也纳医学院学习。

1876年，他进行了鳝鱼性腺构造的实验，这是他第一次进行性的研究，之后他进入了著名生理学家布吕克的生物研究所，在此结识了生理学家、内科医生布洛伊尔。他在大学学习期间时常会研究偏离医学的领域，所以直到八年后他才得以毕业。毕业后，他在布吕克的生理研究所工作。

1882年—1885年，他进入维也纳综合医院成为一名临床助理医师，得到了很多医学实践机会。1882年，弗洛伊德从布洛伊尔那里听说了安娜的病例。安娜是精神分析学派产生的过程中非常重要的一个病人。她患有癔症，布洛伊尔对她进行了催眠术治疗，并将这一过程称为宣泄疗法（catharsis）。弗洛伊德了解到安娜的病例后，对这种治疗方法产生了极大兴趣，也开始尝试用催眠法治疗癔症病人，并积累了许多实践经验。在此期间，他有半年多的时间转到精神病学家西奥多·迈纳特就职的精神病治疗所实习，这成为弗洛伊德研究潜意识和变态心理的开端。

1885年，弗洛伊德被任命为维也纳医学院神经病理学讲师，之后他留学巴黎，师从精神病专家沙可。在这里他了解了催眠术的神奇功效，首次听说男性癔症，他开始思索潜意识存在的可能性。

1886年，弗洛伊德返回维也纳，并以精神病学家的身份开业行医。经过几年的行医经历和研究，弗洛伊德出版了《癔症研究》，此书被看作精神分析学创立的标志。之后，他又出版了《梦的解析》(1900)，此书成为精神分析的经典著作之一。1901年，他出版了《日常生活的心理分析》，1905年出版了《少女杜拉的故事》《诙谐及其与无意识的关系》和《性学三论》。

1908年，以弗洛伊德为核心的精神分析学者齐集在一起，召开"国际精神分析大会"。1909年，弗洛伊德等人受霍尔之邀在克拉克大学的20年校庆中举办系列讲座，精神分析学说在国际上获得认可。1910年，第二次国际精神分析大会召开。1911年，美国精神分析学会建立，之后，美国很多地方都建立了精神分析协会，一场被称为"国际精神分析学运动"的国际性学术活动开展起来。

1914年，第一次世界大战爆发，弗洛伊德由此思考为何人类会周期性地倒退到成批的屠杀中。他开始修改自己的理论，在1920年出版的《超越唯乐原则》一书中，他将侵略与性欲作为首要的本能趋力，提出了"生本能"和"死本能"的对立。在1923年出版的《自我与本我》一书中，他提出了本我、自我与超我的三层结构。

1925年之后，弗洛伊德开始研究宗教与文学，出版了《一个幻觉的未来》(1927)等书。

1933年,希特勒登台,开始疯狂迫害犹太人。1938年,作为犹太人的弗洛伊德被迫迁往伦敦。1939年因癌症复发,弗洛伊德授权私人医生为他注射吗啡之后逝世,享年83岁。

拓展材料

安娜·欧的病例

初期的患者当中最有名的要数安娜·欧了。但是她其实并不是弗洛伊德本人的患者,而是弗洛伊德的前辈,澳大利亚的精神病医生J.布洛伊尔的患者。弗洛伊德从布洛伊尔那里详细地听到了安娜·欧的病例,在那里学到了非常重要的东西。从这个意义上来说,我们把安娜·欧当作接受精神分析的先驱者之一也不过分。

安娜·欧是一个年轻的女性,很有教养,非常有才华,但是她身上出现的各种各样的症状多得可以拿出去卖了。安娜·欧的奇妙症状有无法从杯子里面喝水、经常出现看见黑蛇的幻觉、手腕麻木、一听音乐就咳嗽、头疼、视觉障碍、意识突然中断、语言障碍等。布洛伊尔1880年—1882年总共用了两年时间来治疗她。

安娜·欧被那些症状所困扰着。在那些症状当中最怪的一个就是,无论她口渴到什么程度都无法从杯子里喝水,她只能依靠吃水果之类的东西来解渴。布洛伊尔采用催眠法来治疗安娜·欧,有一次安娜进入催眠状态后回想起来了很久以前的一段已经被她遗忘的经历。安娜·欧家里住进来了一个家庭教师,但是安娜·欧非常讨厌那个家庭教师。有一天,安娜·欧讨厌的那个家庭教师用杯子给安娜·欧养的一条狗喂水,看到这一幕的安娜·欧内心产生了深刻的厌恶感,从那天以后,安娜·欧就不再从杯子里面喝水。原本安娜·欧对这一段经历已经完全遗忘了,但是通过催眠,她把这些往事回忆了起来,回忆起这些经历的安娜·欧从催眠中一醒过来就马上把身旁的一杯水喝光了。安娜·欧不能从杯子里面喝水的症状产生的原因是一段已经被忘却的记忆,随着这段记忆的重现,这些症状也就消失了。

安娜·欧还有其他症状,比如她只要看到像绳子一样的东西就好像看见了蛇,还同时感觉到手腕麻木。通过对安娜·欧实施催眠,让她回想起以前发生的那些被认为是导致这些症状的经历。有一段时间,安娜·欧的父亲卧病在床,安娜·欧非常喜欢她的父亲,主动陪在父亲床边照料他。有一天她在床边照料父亲的时候,产生了一条蛇正在接近他父亲的幻觉,安娜·欧想把这条蛇从他父亲身边赶走,但是因为之前她一直以一种不自然的姿势打瞌睡,所以手腕麻木了,一时无法动弹。于是那天以后,安娜·欧只要一看到绳子就产生蛇的幻觉,而且手腕变得麻木起来。但是通过回想起这些经历,她的上述症状都消失了。

安娜·欧还有一个症状就是一听到跳舞的音乐就会咳个不停,通过催眠将已经遗忘的导致这个症状的记忆重新回想起来,这个症状也消失了。在安娜·欧照料重

> 病中的父亲的时候，她听到了邻居那里传来的跳舞的音乐，安娜·欧认为"自己没日没夜地每天照料父亲，无法去跳舞"，她因为这个对重病的父亲感到了不满，但是在想到这个的瞬间她又因为自己居然有这种对自己重病父亲不满的想法而感到罪恶。听到跳舞音乐就咳嗽的症状就是这个原因，咳嗽代表着罪恶感，安娜·欧在听到跳舞音乐的时候就在潜意识中惩罚自己。
>
> 安娜·欧就是在谈话的过程中，回想起了一些被忘记的记忆，通过谈话她的症状也就消失了，安娜·欧将自己这种治疗方法称为"谈话治疗法"，她说"就好像在打扫烟囱一样"。从布洛伊尔那里听来的这些话日后成为弗洛伊德精神分析疗法的核心——自由联想法的基础。
>
> （资料来源：伯纳德·派里斯. 一位精神分析家的自我探索［M］. 方永德，译. 上海：上海文艺出版社，1997：15—16.）

（二）霍妮

霍妮（Karen Horney, 1885—1952）出生于德国汉堡附近的一个乡村。霍妮的母亲来自荷兰，是一个泼辣豪爽的家庭主妇。父亲是挪威人，是一位船长，比霍妮的母亲大17岁，在与霍妮的母亲结婚前已育有4个即将成年的儿女。

1909年，霍妮结婚，后育有三个孩子，1926年离婚。霍妮在1913获得柏林大学医学博士学位，之后在柏林的精神分析研究所接受专业的心理分析训练。1918年—1932年在柏林精神分析研究所任教，并创办诊所，开业行医。在此期间，霍妮由于对弗洛伊德关于女性性欲的看法不满而离开弗洛伊德的正统学说，并在杂志上发表了关于女性问题和驳斥弗洛伊德观点的论文。

1932年，霍妮受F. 亚历山大的邀请赴美，担任芝加哥精神分析研究所副所长。1934年她迁居纽约，创办了一所私人医院，并在纽约精神分析研究所培训精神分析医生。随着她与弗洛伊德正统理论分歧的加深，她与弗洛伊德派决裂，退出了纽约精神分析研究所。1941年，她创建了美国精神分析研究所，并亲任所长。1952年霍妮逝世。

霍妮童年时期的家庭经历令她沮丧、失望和愤恨，之后的婚姻也不幸福。在父亲眼里，霍妮相貌丑陋、天资愚笨，他对霍妮非常吝啬、粗暴，且不支持霍妮的学业发展。霍妮同父异母的哥哥姐姐与霍妮的母亲不和，并且会挑拨霍妮与母亲的关系。霍妮从父亲和异胞的哥哥姐姐身上感受不到家庭的温暖，她怜悯母亲的遭遇，所以把爱倾注在母亲身上，但母亲更加偏爱霍妮的亲哥哥，霍妮时常受到母亲的冷落。在家中不受宠爱使得霍妮在学业中争强好胜，刻苦进取，用优异的成绩来宣泄在家庭中受到的冷落和与之而来的焦虑自卑。从另一种角度来看,这些经历使得她对儿童时期的家庭环境以及女性的内心有着不凡的洞察力,从而促成了她在心理学上的成就。

弗洛伊德认为描述女性的心理发展一直是令他头疼的一件事情,他因不能把从男性身上得到的结论准确地运用到女性身上而一度很焦虑。霍妮则以一本《女性心理学》打破了弗洛伊德的神话,开了20世纪女性精神分析的先河,为之后的女性主义心理学家的理论探究奠定了基础。她试图将女性从男性文明、男性社会的文化暗示中解放出来,主张女性要认识自己的"天性",剥离男性社会对女性心理的定位,力求真正实现女性的自我精神发展。

拓展材料

霍妮传

人们普遍持有这样一种看法:作为一名精神分析家,霍妮忽视了童年的重要性。事实恰恰相反,她经常论及童年,一再强调童年对心理发育的影响不可低估。霍妮有关童年的论述经常带有自传色彩,尤其是参照她的日记来看,更是如此。这些论述反映出,她持续不断地关注自己的成长经历。

比如,在《神经症与人的成长》(1950)一书中——写成此书时霍妮已年逾六十——她是这样描述自谦人格的典型历史的:"自谦型……是在某个人的阴影之下成长起来的:这个人可以是受父母宠爱的兄弟或姐妹,也可能是深受外人敬仰的父母,如一位美貌母亲,或一位仁慈而专制的父亲。这是一种危险的处境,很容易引起恐惧,但是某种形式的亲情还是可以获得的——只是需付出代价,即心甘情愿地服从。例如,可能有这样一位长期受苦的母亲,只要子女对她的关心和照顾稍稍有所懈怠,她便会让他们觉得内疚。也许有这样一位母亲或父亲,当子女盲目崇拜她(或他)时,往往十分友善、慷慨;也可能是这样一位专横的兄长或姐姐,只有当你取悦她(或他),恳求她(或他)时,她(或他)才肯钟爱你、保护你。"霍妮的父亲很专制,她的母亲长期受苦,需要大量的关心与照顾。

霍妮于1912年4月2日写道:"我仍然未能从童年时的压迫感中恢复过来。"在她以后的著作中,她描绘的许多幅黑暗的童年图画,都带有自传的味道。……在《精神分析新法》(1939)一书中,霍妮指出:"那些产生'基本焦虑感'的儿童,觉得环境'不可靠、虚伪、不知赏识、不公平、不公正、充满妒忌、冷酷无情'。""这威胁着他的全部成长发育,威胁着他最合理的愿望和努力。他觉得,自己的个性有被抹杀的危险,个人的自由有被夺走的危险,自己的幸福有被阻止的危险。""他的自尊、自立遭到削弱","恐吓与孤独将恐惧注入他的心中"。

(资料来源:伯纳德·派里斯.一位精神分析家的自我探索[M].
方永德,译.上海:上海文艺出版社,1997:15—16.)

（三）埃里克森

埃里克森（Erik Homburger Erikson，1902—1994），美国精神分析师。他的母亲和生父都是丹麦人。在他3岁的时候，母亲再婚嫁入德国，埃里克森有了三个同母异父的妹妹。从小，埃里克森与母亲更亲近，而妹妹们与父亲更为亲近。

埃里克森6岁时进入小学，9岁毕业，在小学期间功课平平。小学毕业之后，他于1911年进入卡尔斯鲁厄文科学校学习了很多文学课程，也修读了一些数理类课程。与其他志向成为医生、律师的同学不同，埃里克森热爱文艺，他的愿望是成为一名艺术家。

1920年中学毕业后，埃里克森并未进入大学继续接受正规教育，而是成为了一个流浪艺术家。他先是在艺术学校听了几年课，后来又漫游了德国和意大利，并短暂居住于佛罗伦萨。一战后的德国，知识界开始反抗扎根于浪漫主义的理性主义和乐观主义，他们反对主客体分离，认为主体与实在世界不可分割，这种思想影响了埃里克森。而且在当时，对毕业后不知道从事什么职业的年轻人来说，流浪一段时间，走走停停看看，思考人生的意义，是非常普遍的。埃里克森在这样一段经历中反思了自己的人生经历，体悟"同一性危机"。

1927年，埃里克森成为安娜·弗洛伊德创办的维也纳精神分析实验学校的教师，他对心理分析本身产生了兴趣，并在安娜·弗洛伊德的引领下进入心理分析领域。1933年，他从维也纳心理分析研究所毕业，之后辗转到了美国，成为一名儿童分析师。

1951年，他来到奥斯汀·里格斯中心，这是一所残疾青少年矫治中心，他在中心担任高级工作人员的职务。从那时起，他的工作重心从儿童转移到青少年身上。在这一阶段，他发现了"身份认同危机"，并且在之后的十年中专注于探究身份认同危机，出版了《童年与社会》《青年路德》《身份认同与生命周期》《身份认同：青年与危机》等著作。在美国的社会环境中，种族、民族交融，个体与社会的关系成为热点，引发了埃里克森对社会问题和文化的兴趣，他关注贫富差距，关注种族问题，关注战争与和平，他将精神分析与文化人类学、历史、政治等结合起来。埃里克森晚年得了前列腺癌，饱受折磨，但是他坚持参加一些学术活动，这种终生对人性探索的精神令人动容。他于1994年去世，享年92岁。

第二节　精神分析发展理论的基本观点

在众多心理学家讨论行为与认知发展的同时，以弗洛伊德为首的精神分析学派将关注点转移到人类的情感、冲动和幻想的内心世界上面，以"无意识"和"本能"作为核心词发展出了主要观点，并在弗洛伊德的神经症治疗实践中形成了精神分析学派。之后霍妮将文化因素引入精神分析,强调人际关系、家庭环境的不和谐与儿童基本焦虑之间的关系。埃里克森将人格发展从弗洛伊德的童年期延伸到了整个生命周期。在现代,精神分析学派是西方心理学界主要的流派之一,在心理学、医学和教育学领域都占有重要的地位,并且经常作为心理治疗的手段之一帮助人们解决心理问题。

一、弗洛伊德的儿童心理发展理论

（一）精神分析学说的构成与发展

弗洛伊德从创建精神分析学派开始,他自身的理论也在不停地变化和发展,他的著作大致可以划分为四个阶段。

第一阶段（1886—1894）：神经症的研究

在此期间,弗洛伊德作为精神病学者和医生接触了歇斯底里症和神经衰弱症。当时流行电疗法和催眠术两种方法来治疗神经症。弗洛伊德在开设诊所之初也使用了当时广为流行的电疗法,但是发现收效甚微。弗洛伊德在临床实践中认识到神经症的存在是一种心理学问题,之后他使用催眠术对癔症进行治疗。在多次实践中,他发现了两个问题,一是并非所有人都能够进入催眠状态,二是能够进入催眠状态的人也不是都能进入到可以进行暗示的催眠深度。由此,弗洛伊德思考出了一种能够适用于所有来访者,并且可以深入到来访者的潜意识中的治疗方式,这就是后来被大家熟知的自由联想法。在后文中我们将对此作详细介绍。

> **拓展材料**
>
> **精神分析师与催眠**
>
> 精神分析是在治疗的时候,为了了解病人潜意识中的压抑,会采用催眠的方法。最早,催眠的方法叫作催眠术,是18世纪时麦斯麦发明的,他用动物磁气说（animal magnetism）解释催眠机制。19世纪,英国的外科医师布雷德把催眠解释为是治疗师引起的一种被动的类睡眠状态,并根据希腊神话中睡神的名字"Hypus"来命名催眠（hypnosis）。后来,苏联生物学家巴甫洛夫等人对催眠进行了深入、系统的研究,使催眠成为一门有科学依据的方法。目前,多种心理治疗法都引入了催眠的手段,用以祛除病人内心的冲突和焦虑,以及治疗失眠等身心疾病。
>
> 在催眠状态中,被催眠者的主动反应降低,不能再控制肌肉动作,如觉得眼皮变得很重,不能睁开眼。被催眠者产生了知觉扭曲和幻觉,可以体验到嗅觉、味觉、肤觉、听觉甚至是视觉上的幻觉,如暗示被催眠者看到一个物件,他可能真的就认为在他面前有一个物件。在催眠中,旧记忆还原,被催眠者可以在催眠师的暗示下想起一些记不得的事情,比如已淡忘的儿时记忆。

第二阶段（1895—1899）：自我分析

弗洛伊德在其39岁的时候，开始从对病人的神经症的分析转入对自我的分析。他曾深刻地剖析了自己：虽然事业蒸蒸日上，社会地位很高，并且家庭幸福美满，但是还是遇到很多令自己恐惧和焦虑的事情。自我分析的开端是弗洛伊德所做的一个梦——"爱玛打针之梦"。

在1895年的夏天，弗洛伊德曾接收了一位名叫爱玛的病人，她与弗洛伊德一家有不错的交情。由于担心治疗效果不好会影响两家的交情，弗洛伊德在治疗过程中处于惶惶不安的状态，最终治疗结果不太理想。弗洛伊德虽治好了爱玛的歇斯底里症，但是并未缓解她生理上的症状。弗洛伊德曾想尝试其他方法，但是被拒绝，治疗终止。一段时间之后，弗洛伊德从同事口中听到爱玛近来并未好转，他就猜想其中的原因。他猜测可能是一开始不赞成爱玛进行精神分析治疗的亲戚们向同事说了自己的坏话，于是当晚就写信给好友详述治疗经过，请他来判断自己的治疗方案是否有不当之处。写信的当晚，弗洛伊德做了一个梦：

一八九五年七月二十三日至二十四日之梦

在一个大厅里宾客云集，爱玛就在人丛中，我走近她，劈头第一句话就是责问她为什么迄今仍未接受我的"办法"。我说："如果你仍感到痛苦的话，那可不能再怪我，那是你自己的错！"她回答道："你可知道我最近喉咙、肚子、胃都痛得要命！"这时我才发现她变得那般苍白、浮肿，我不禁开始为自己以前可能疏忽了某些问题而担心。于是我把她带到窗口，借着灯光检查她的喉咙。正如一般常有假牙的淑女们一样，她也免不了有点不情愿地张开嘴巴，其实我以为她是不需要这种检查的……结果在右边喉头处有一块大白斑，其他地方也有很多由广泛的灰白小斑排成卷花般的小带，看起来很像鼻子内皱缩的"鼻甲骨"一般。于是我很快地叫M医师来再做一次检查，证明与我所见一样。M医师今天看起来不同于往常，苍白、微跛，而且脸上的胡子刮得一干二净。现在我的朋友奥图也站在爱玛旁边，另一个医生里奥波德在叩诊她的胸部（衣服并未解开），并说道："在左下方胸部有浊音。"又发现在她的左肩皮肤有"渗透性"病灶（虽隔着衣服，我仍可摸出这伤口）。M医师说："这毫无疑问地是由细菌感染所致，那没什么问题，只要拉肚子就可以把毒素排出来。"而我们都十分清楚这是怎么搞出来的。大概不久以前奥图由于爱玛当时身体不舒服而给她打了一针"Propyl……propyls……Propionic acid……Trimethylamin"（那构造式我可清楚地看到呈现在我眼前）……其实，人们是很少这般轻率地使用这种药的，而且很可能当时针筒也是不够干净的。

从这个梦中，弗洛伊德分析出他在梦中对爱玛说的那句"如果你仍感到痛苦的话，那可不能再怪我，那是你自己的错"，其实潜意识中他在为没有治好爱玛的病症而焦虑，想要开脱

责任。而后面两位医师的诊断结果，正是反映了弗洛伊德在潜意识里希望爱玛所得的是一种很容易就可以治愈的器官性病症，这样他就可以免受未能治愈爱玛的神经症的挫败感，因为在现实中弗洛伊德对爱玛的诊断是神经症，他使用了百试不爽的心理治疗法，结果在爱玛身上失败了，他为此焦虑和苦恼。

一旦进行完全的释梦工作，我们就可以发现梦是具有意义的，弗洛伊德认为"梦的内容在于愿望的满足，其动机在于某种愿望"。"爱玛打针之梦"是弗洛伊德进行自我分析的开始，被称为精神分析的"梦的标本"。

之后的几年，弗洛伊德又从自己的痛苦和焦虑的经历中领悟到，他在成人时期的无意识很大程度上受到儿童时期经验的影响，便逐渐摆脱催眠术，转而用释梦、自由联想和挖掘儿童记忆的方法来对病人进行治疗。

第三阶段（1900—1920）：本我心理学

弗洛伊德这一阶段的主要观点包含在几本书中，一是《梦的解析》，二是《性学三论》，三是《精神分析引论》，四是《超越唯乐原则》。在《梦的解析》一书中，弗洛伊德介绍了无意识的概念，并详细阐述了梦的无意识理论；在《性学三论》中，弗洛伊德提出力比多理论；在《精神分析引论》中，他提出了精神层次理论；在《超越唯乐原则》中，他提出了生存本能和死亡本能的理论。

（1）《梦的解析》（1900）

> "当我要求病人把他所曾发生过的某种主题的意会、想法统统告诉我时，就涉及他们的梦。由此我认识到，可以把梦理解为由某种病态意念追溯至昔日回忆的桥梁，并将梦当作一种症状，对梦进行解释，以寻找病的根源，进而加以治疗。"

在弗洛伊德行医和研究的过程中，他接触到了强迫意念、歇斯底里性恐惧症等几种精神病态，并从梦的解析中找到了一个治疗的出口。弗洛伊德认为，梦是有意义和某种隐意的，隐意是指梦的真实内容和本质，也就是显意这个表层的面具之下所掩盖的欲望，即便这种隐意不够明显，我们也可以从中找到正确的"取代物"来找出梦中的隐意。弗洛伊德认为梦是一种受抑制的愿望经过伪装而满足。除了令人愉悦的梦，还有一些令人焦虑的梦，显意或许令人痛苦，但隐意其实代表了一种愿望的满足。梦之所以伪装自己，未能直接显现内心深处的愿望，是因为做梦的人本身就对这个愿望是有所顾忌的，所以不得不用伪装来表达愿望。

每个人心中都有两种力量，第一种在梦中表现出了真实的愿望，第二种却担任了检查者的角色。如果第一种真实愿望的表达不能够被意识所接受，第二种力量就会发挥作用，形成梦的伪装，达到意识可以接受的程度，然后呈现出来。

梦的来源包括最近发生的事情、不太重要的印象、儿时的经验、日间经验和睡眠刺激等。梦有其显意，也有其隐意，将隐意变成现实的过程，就叫作"梦的运作"。梦的运作包含了4个基本的过程：

第一,凝缩作用。将几种隐意通过一种显意表现出来。比如一个女人对现实的伴侣不满意,并且有倾慕的偶像,于是在梦中与自己的偶像结婚了。

第二,转移作用。用不重要的事物或事件代替梦的隐意,将梦的重心转移到其他的部分中,用看似无关的事物或事件替代自己的真实愿望。例如梦到在健身房摔伤了腿,这其实是一种转移,实际是内心不愿意去健身或减肥的体现。

第三,梦的特殊表现力,也就是象征。比如梦到已经去世的家人的物品,其实隐意是对家人的思念。

第四,再度校正作用,也就是润饰。此过程就像"用碎布缝补着梦架构的间隙",是将梦的片段连接起来,像拼图一样将梦变成一个富有逻辑性的故事整体。

想要达到释梦的目的,需要如下步骤:① 将梦分解为部分来分析;② 了解梦者的人生经历、生活背景、兴趣爱好,以及日常生活琐事,从而理解梦的各个部分的内涵;③ 通过自由联想,揭开梦的伪装;④ 通过解释梦的象征,揭示梦的显意和隐意。

拓展材料

愿望的满足——小孩子的梦

小孩子的梦,往往是很简单的愿望满足,也因此比起成人的梦来得枯燥,然而它们虽产生不了什么大问题,但却为我们提供了无价的证明——梦的本质是愿望的满足。我曾经从我自己的儿女那里收集了不少如此的梦。

在一八九六年夏季,我们举家到荷尔斯塔特(Hallstatt)远足时,我那八岁半的女儿以及五岁三个月的男孩各做了一个梦。我必须先说明,那个夏天我们是住在靠近奥斯湖(Aussee)的小山上,在天气晴朗时,我们可以看到达赫山(Dachstein),如果再加上望远镜,更可清晰地看到在山上的西蒙尼小屋(Simony Hut)。而小孩们也不知怎地,天天就喜欢看这望远镜。在远足出发前,我向孩子们解释说,我们的目的地荷尔斯塔特就在达赫山的山脚下。而他们为此显得分外兴奋。由荷尔斯塔特再入耶斯千山谷(Valley of Eschern)时,小孩们更为那变幻的景色而欢悦。但五岁的男儿渐渐地开始不耐烦了,只要看到了一座山,他便问道:"那就是达赫山吗?"而我的回答总是:"不,那还是达赫山下的小丘。"就这样问了几次,他缄默了,也不愿跟我们爬石阶上去参观瀑布。当时,我想他也够累了。想不到,第二天早上,他神采飞扬地跑过来告诉我:"昨晚我梦见我们走到了西蒙尼小屋。"我现在才明白,当初我说要去达赫山时,他就满心地以为他一定可以由荷尔斯塔特翻山越岭地走到他天天用望远镜所憧憬的西蒙尼小屋去。而一旦获知他只能以山脚下的瀑布为终点时,他是太失望、太不满了,但梦却使他得到了补偿。当时,我曾试图再问些梦中的细节,他却只有一句:"你只要再爬石阶上去六小时就可以到的。"而其他内容却是一片空白,无可奉告的贫乏。

在这次远足里,我那八岁半的女儿,也有一些可爱的愿望靠着梦来满足。我们这次去荷尔斯塔特时带着邻居一个十二岁的小男孩爱弥儿(Emil)同行,这小孩子文质彬彬,颇有一个小绅士的派头,相当赢得小女的欢心。次晨,她告诉我:"爹!我梦见爱弥儿是我们家庭的一员,他称呼你们'爸爸''妈妈',而且与我们家男孩子一起睡在大卧铺内。不久,妈妈进来,把满手的用蓝色、绿色纸包的巧克力棒棒糖丢到我们床底下。"我那小男孩,显然我未传给他丝毫解梦的才能,就像我曾提过的一般时下的作家一样,他大骂姐姐的梦是荒谬绝伦。而小女却为了她的梦中的某一部分奋力抗辩。此时如果以心理症(neurosis)理论的观点来看这一段,她所力争的部分究竟是什么呢?她说:"说爱弥儿是我家的一员,确实是荒谬,但关于巧克力棒棒糖却是有道理的。"而这后段实令我不解,还是后来妻子为我做了一番合理的解释。原来在由车站回家的途中,孩子们停在自动售货机前,吵着要买就像女儿梦见的那种用金属光泽纸包的巧克力棒棒糖,但妻认为,这一天已经够让他们玩得开心遂愿了,不妨把这愿望留待梦中去满足吧!而这一段我未注意到的插曲,经由妻一说,小女梦中的一切我就不难了解了。那天,我自己曾听到走在前头的那小绅士招呼小女:"走慢点,等'爸爸''妈妈'上来再赶路。"而小女在梦中就把这暂时的关系变成永久的慰藉。而事实上,小女的感情也只是梦中的亲近而已,绝非她弟弟所谴责她的永远与那小男孩做朋友的意思。但为什么把巧克力棒棒糖丢在床底下,当然不问小孩子是无法了解其意义的。

(资料来源:弗洛伊德. 梦的解析[M]. 罗林,译. 九州出版社,2004:21—22.)

(2)《性学三论》(1905)

在《性学三论》一书中,弗洛伊德首次提出了力比多的理论,即性欲理论,这是精神分析正统学说中两大命题支柱之一。此书由"性变态""幼儿性欲"和"青春期的改变"三个篇章构成。弗洛伊德认为,性本能是人类在儿童期就存在的,但是性本能并非随着儿童其他方面的发育同时显现出来,而是在2—5岁期间进入了潜伏期。性欲的发展会导致三种结果:一是变态的性生活,这是由于生殖区具有"素质性软弱"导致的;二是压抑,如果性欲受到阻碍不能得到宣泄,则会表现为神经症症状;三是升华,未能宣泄的性欲寻找到其他途径而发挥作用,使得本为危险的事情得到了精神上的升华,比如成为非常有艺术才能的人。

(3)《精神分析引论》(1910)

《精神分析引论》一书共分为三个部分,第一编为"过失心理学",第二编为"梦",第三编为"神经病通论"。第一编过失心理学介绍了精神分析中的失误动作观,指出失误动作不是偶然,而是有其意义的。第二编梦介绍的是弗洛伊德有关梦的相关理论,包含释梦的前提假设与技术、梦的显意与隐意、儿童的梦、梦的检查作用、梦的象征作用、梦的工作和案例分析等内容。在第三编中，弗洛伊德介绍了精神病的相关理论，介绍了精神病心理的原理以及治疗方法，本编中包含精神分析与精神病学、症状的意义、创伤的固着——潜意识、抵抗与压抑、关于发展与退行的一些思考等内容。

(4)《超越唯乐原则》(1920)

弗洛伊德极其重视本能在心理学上的地位，将其看作是潜意识活动的终极动因。在《超越唯乐原则》中，弗洛伊德修订了本能理论，提出人类存在着两种本能，一种是爱欲或生存本能，它的目的是保存生命；另一种是死亡本能，任务是将有机的生命物带到无机物的状态中，最典型的表现是施虐狂。一战的爆发引起了弗洛伊德对死亡本能的存在的思考，他认为正是这种本能使得人类向他人和周遭的世界施加破坏性的力量。在此书中，弗洛伊德将本能的定义修订为：本能是有机体生命中固有的一种恢复事物早先状态的冲动，而这些状态是生物体在外界干扰的逼迫下早已不得不抛弃的东西。也就是说，本能是有机体的一种弹性表现，或者可以说是有机体生命所固有的惰性的表现。

第四阶段(1921—1939)：自我心理学

精神分析的自我心理学理论属于弗洛伊德精神分析的后期理论，在这一时期，弗洛伊德提出了人格三结构理论，并将研究的重点从"伊底(本我)"转向"自我"，促进了精神分析自我心理学派的萌生。在此阶段，弗洛伊德的观点主要通过《群体心理学和自我的分析》《自我与本我》等著作来阐述。

(1)《群体心理学和自我的分析》(1921)

在这本书中，弗洛伊德介绍了群体心理学的特征和认同作用，他认为在群体中，不同的观点可以得到宽容，人可以释放自己本能冲动的压抑，并摆脱罪恶感。而群体感的出现源于对他人的嫉妒感，当人不能做宠儿，对他人产生嫉妒之情时，他就希望群体的正义使得人人平等，彼此认同，群体成员的相互联系建立在对领袖的认同上。弗洛伊德还提出了"自我典范"的概念，自我典范是从自我中分化出来的，用来监视和批判自我的更为高尚的一部分。当一个人不能从自我中得到满足时，就可能从自我典范中得到满足。如果一个人的自我和自我典范相重合，那么他会产生愉悦的感情；如果不能够重合，也就是自我达不到自我典范的标准，那么人就可能陷入罪恶感和愧疚感之中。自我典范的概念可以说是"超我"的原型。

(2)《自我与本我》(1923)

在早期著作中，弗洛伊德认为人的心理活动或精神活动包含意识、前意识和潜意识三个层次，这三个层次构成了人类的精神过程。如图4-1显示的那样，它们三者的关系就像一座冰山，意识是显露在水面之上的一小部分，前意识是介于表面和水下的部分，潜意识是隐藏在水下的巨大的主体。意识代表了人格的外表方面，深藏在意识之下的潜意识，才是人类行为的主导者，是人类行为背后的驱动力。

在《自我与本我》一书中，弗洛伊德推翻了之前的心理结构，建立起新的人格结构理论，

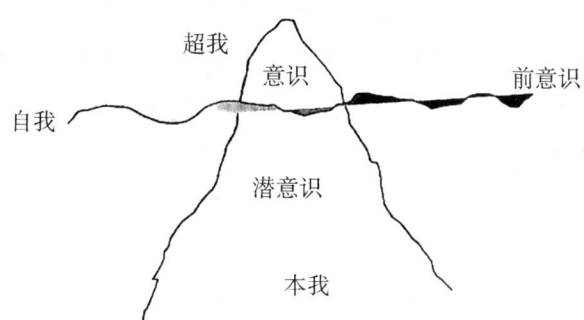

图 4-1 心理结构和人格结构的冰山模型

认为人格由本我（id）、自我（ego）、超我（superego）三个层次组成。他认为本我是"一锅沸腾的激情"，是人类最原始的人格。本我遵循快乐原则，以满足本能的需求为目的，没有价值感，也没有道德感。

自我是建立在本我之上，又不同于本我的部分，它抑制了本我中不顾一切的冲动，以免本我毁灭，同时接受超我的道德制约，接受外在环境的影响，自我秉承现实原则。用通俗的话来说，就是自我代理理智和审慎，而本我代表尚未驯服的激情。

超我是人格中最高的层次，遵循至善原则，是一切道德限制的代表，是追求完美的冲动或人类生活的较高尚行动的主体。超我从自我中分化而来，包括两个子系统：自我理想和良心。自我理想是儿童应该做的事情，是道德的标准。良心则是当儿童出现违反自我理想也就是道德标准的行动时，对自我进行的惩罚，良心最初是由成人的惩罚内化到儿童心中的。

（二）儿童心理发展的阶段理论

弗洛伊德认为儿童的心理发展就是"性"的发展，这里的"性"指的是心理性欲，又被称为"力比多"。儿童的性感的含义是很广泛的，包括生理上的快感，也包含情绪的愉悦带来的快感。在儿童不同的年龄阶段，引起兴奋的性感带（erotogenic zones）是不同的，弗洛伊德根据性感带的变化将儿童的心理发展分为口唇期、肛门期、前生殖器期、潜伏期、青春期。儿童在每个时期的体验，很大程度上决定了他成年之后的人格。

1. 口唇期（0—1岁）

在口唇期，婴儿的性感带位于口腔和嘴唇。在最开始，婴儿出于生理的需要，通过吮吸乳头来自我保存，即便是不饥饿，他/她也会将自己的手或者其他物体塞进嘴里，通过吮吸、咀嚼等行为获得快感，我们将其叫作"享乐性吸吮"。口唇期又分为前后两个阶段：在前期，婴儿还未长出牙齿，快乐源于张口、吮吸和吞咽行为，母亲的乳房成为第一个性本能的对象；在后期，婴儿长出牙齿，不只满足于吮吸、吞咽，而是要通过咀嚼、咬来获得快感。在这个时期，婴儿逐渐认识到同一个客体既可以给予快乐，也可以给予痛苦，因此发展出了最初的矛盾情感。

2. 肛门期(1—3岁)

肛门期出现在出生后的第二年,此时幼儿依靠排泄行为获得肛门的快感。肛门期又分为两段:前肛门期和后肛门期。在前肛门期,幼儿通过排泄粪便获得快感;在后肛门期,幼儿通过保持粪便得到满足。在这一个阶段,幼儿在排泄中获得身体上的愉悦。当如厕训练开始后,外界对幼儿的排泄行为有控制的压力,成人会要求幼儿何时排便,并且传递出排泄物是不雅的观点,因此幼儿内部的排泄欲望与外部的训练控制产生冲突。如果家长能够在配合幼儿自我控制能力的前提下,进行严格的如厕训练,幼儿将会养成良好的如厕习惯,并且在自体欲望和外界控制中达到一种良好的平衡,既能够对自己进行合理的控制,也能够在安全的心理状态下主宰自己"主动"的本能,正确对待外界的压力,发挥自我的主动性和创造性,从而在成年期发展出良好的自律感和创造力。

3. 前生殖器期(3—6岁)

这个年龄段,幼儿的性感带是生殖器。在这个时期,幼儿会意识到男女的性别差异和身体构造的不同,幼儿此时喜欢抚摸生殖器和外露生殖器,有的幼儿还会手淫。这个时期,男孩与女孩的区别表现出来,男孩显现俄狄浦斯情结,对母亲产生性欲望,并且仇视父亲,但同时出现阉割焦虑,害怕强大的父亲会割掉自己的阴茎;女孩则会因为缺少阴茎而憎恨母亲,转而将爱投向有阴茎的父亲,表现出对父亲的迷恋。这一时期的幼儿经历了非常矛盾的情感变化,他们将异性父母作为心中的爱人,但同时惧怕又认同和爱戴同性父母。当幼儿可以放弃对异性父母的性欲望,并且认同同性父母时,就顺利地进入下一个阶段。

4. 潜伏期(6—11岁)

这一时期,儿童的性欲出现停滞或退化的现象。因为这时儿童开始可以理解外界的评价,他们会摒弃之前的一些行为,比如抚摸性器官,他们知道这是不好的。在这一阶段,儿童的社会性交往增多,会参加各种各样的游戏、运动活动,接受社会环境的影响和评价,将性欲转移到友爱的社会关系中。在社会交往中,儿童发展了厌恶感、羞耻感以及道德感,压抑了性欲望,将主要的精力投进了学习、游戏和运动中。

5. 青春期(11—13岁开始)

从11岁起,儿童进入了青春期,随着性器官的发育,儿童追求性快感的行为变得与成人一样。在之前的阶段中,儿童主要依靠自身达到性满足,到了青春期,儿童开始寻找外部的性对象。当青春期的性能量涌动出来时,儿童会想办法摆脱父母的控制,但现实却是不得不听从于父母,于是便产生了矛盾情感。这一段时期非常重要。首先,如果儿童能够将目标集中在正确的性对象身上,则易形成健康的人格,如果此时儿童的性欲受到阻碍和抑制,无法顺利度过青春期,则容易产生性倒错和病态的人格。其次,儿童与父母之间的矛盾情感如果不能妥善解决,比如父母在儿童的青春期阶段过于严厉或溺爱包办,使儿童与父母之间产生强烈的对抗或者妥协,则无法从青春期成长为一个可以顺利迈入社会的成人。

> **拓展材料**
>
> ### 固着、退行导致的人格特征
>
> 1. 口唇人格
>
> 儿童在口唇期的需要没有得到满足或者过度满足,都会导致固着。如果固着发生在口唇期的早期,则会形成口唇—吞并型人格,这种人格的人习惯依赖他人,从他人身上获得想要的东西,羡慕他人的实力。弗洛伊德认为暴饮暴食、抽烟酗酒、崇拜金钱都是口唇—吞并型人格的表现。如果固着发生在口唇期的后期,则会导致口唇—施虐型人格,表现为对他人的攻击性和施虐倾向。
>
> 2. 肛门人格
>
> 在肛门期,父母对孩子的排便过度严厉或者过度放纵都会导致儿童在肛门期发生固着,形成肛门型人格。发生在肛门期早期的固着,会导致儿童在成人之后变得邋遢、散乱和浪费,形成肛门—排出型人格;发生在肛门期后期的固着,则会导致儿童在成人期吝啬、固执、刻板、对抗和过度的独立,变成肛门—滞留型人格。
>
> 3. 生殖器人格
>
> 生殖器人格是俄狄浦斯情结未得到真正的解决而形成的。在希腊神话中,王子俄狄浦斯弑父娶母,俄狄浦斯情结因此意为恋母情结。男孩在儿童时期由于害怕父亲的惩罚和恫吓而产生了阉割焦虑,被压抑之后表现出了极度的自信、轻率、好表现和攻击性;在女孩身上则表现出阴茎妒忌,于是女孩通过刻苦的努力来超过男孩。
>
> 4. 生殖人格
>
> 生殖人格在弗洛伊德看来是一种完美的人格状态,拥有这种人格的人占少数,因为人类很少能够完全顺利地度过性欲发展期,从不出现固着或退行。拥有生殖人格的人能够引导身体中多余的力比多力量,使之升华,并在其他领域发挥建设性的作用。这种人格的人能够较好地掌控生活,处理好人际关系,爱情美满,生活幸福,是一种非常理想的人格类型。

(三)儿童心理发展的动力状态——焦虑理论

焦虑是每个人都体验过的情绪,它由不安、忧虑、担心、紧张等复杂的情绪组合而成。当人们遇到难以完成的事情或者预感到坏的结果时,就有可能引发焦虑情绪。弗洛伊德的焦虑理论分为两个时期。在早期,弗洛伊德的焦虑理论建立在无意识理论的基础上,他认为,人的心理结构分为潜意识、前意识和意识,当潜意识里力比多的释放受到阻碍、本能的冲动受到压抑时,就会导致焦虑的产生。在后期,弗洛伊德结合了人格发展的三结构——本我、自我和超我,认为只有自我才会产生焦虑,自我接收来自本我的冲动以及超我的道德制约,当两者发生冲突时,自我就会产生焦虑,这种焦虑论又被称为"信号焦虑论"。

1. 焦虑的分类

（1）真实性焦虑

真实性焦虑又被称为客观性焦虑，是个体在面对客观现实的过程中产生的焦虑，比如自然灾害引发的恐惧和担忧，又比如在日常生活中面临截止日期但是自己还未完成任务，而产生的焦虑情绪。在何种情况下会产生焦虑情绪也因人而异，比如房价的大幅升高可能会让准备买房的人产生焦虑，但是对于房产持有者来说反而是值得高兴的事情；考试未及格会让非常在意成绩的学生产生焦虑，但是对于志不在此的学生会觉得无所谓。现实性的焦虑产生于对个体不利的客观情况，当不利的客观情况消除时，与之而来的焦虑也会随之消除。

（2）神经性焦虑

神经性焦虑源自本我，当个体害怕因为本能冲动而招致惩罚时，神经性焦虑就会产生。这种焦虑潜藏在个体人格的内部，且无处不在，它的爆发也没有特定的时间。

神经性焦虑中有一种被称为普遍性焦虑，有这种焦虑的人会表现得杞人忧天，比如时常担心地球会灭亡，担心意外情况会突然发生，因此而郁郁寡欢，生活得非常悲观。第二种是有特定情境焦虑的人，是对某一种特定的物体或者情境非常敏感，一旦遇到就会表现得异乎寻常的焦虑，比如我们现在经常讨论的社交恐惧。第三种神经性焦虑是由癔症引起的，我们无法将这种焦虑与明显的潜在危险连接起来，但是它会通过身体特别的症候呈现，比如经常心跳过快或者感到头疼等。

（3）道德性焦虑

道德性焦虑源于超我，当个体违反了超我所制定的道德标准时，内疚与自我谴责导致焦虑的产生。焦虑的产生情况及程度取决于个体的道德标准，道德感越低的人体验到的焦虑情绪也就越少，就像有的人会因为无法帮助别人做一件极小的事情而产生忧虑，而有的人即使损害了别人的正当利益甚至对别人实施了犯罪行为也不觉得内疚。

2. 焦虑的防御机制

焦虑的自我防御机制是应对本我的驱动、自我的现实要求及超我的压力而产生的缓解焦虑情绪从而保护自我的机制。焦虑的自我防御机制共有7种：

（1）压抑

压抑是精神分析学说中最为核心的概念。压抑是指把引起人焦虑的事情、思想和无法接受的本能冲动压入深层的潜意识中，不让它显露出来。压抑是一种主动的遗忘，是个体自主选择使自身痛苦的事情从意识中除去，但是被压抑的思想或冲动并未消失，它日后有可能因为某些刺激从潜意识中浮现出来。如果人受到某些人或事情的伤害，为了不被这些伤心往事纠缠，人会选择性地遗忘这些旧事，比如当一个人从一段恋情中受到了伤害，他/她会强迫自己不要回忆起令人伤心的事情，但是这些事情是个人经历中真实存在的，当某一天他/她遇到了与失败的恋情有关的人或者物品时，就会调动起以往难过的情绪。压抑是人经常会采取的防御机制，但是如果过度依赖它，则会导致脱离现实，陷入臆想之中。

(2) 投射

投射是将个体不能得到满足的欲望和冲动外化或者转移到其他的客体、人或事件上。当一个人在某一方面被压抑，就会从另一个方面表现出来，或者是将自我的矛盾归咎到他人身上，比如当一个出轨的人面临道德的指责时，他（她）可能会将错误归于伴侣对自己的忽视。

(3) 反向作用

反向作用是用一种相反的方式来控制受到压抑的本能欲望或冲动。反向分为两个步骤，第一步是把不合理的冲动压制下去，第二步是将相反的意识显现出来。比如一个人因为丢失工作而感到非常痛苦，但是他在外人面前却表现得随意和无所谓，甚至还很开心。

(4) 退化

当一个人面临的焦虑超过自己所能够承受的水平时，就会通过退回到早期的心理发展阶段来暂时地应对焦虑，此时的表现就会略显幼稚。比如人在失意时喝得酩酊大醉，一言不合就要拳脚相向，伤心难过时暴饮暴食，这些都是退化的表现。

(5) 停滞

停滞是指心理发展停留在某一个时间段上固着不前，无法向新的阶段迈进。当新的情况出现，个体无法确定自己是否能够顺利应对时，就会踌躇不前，宁愿停留在一个熟悉且容易控制的环境内以缓解自己的焦虑。过度的满足和失望都有可能引起停滞行为，口唇期的儿童如果得到了过度的看护，则会产生口唇期的停滞，比如表现出极度追求口唇带来的快感。

(6) 自居（认同）

自居是指个体模仿榜样的行为，以他人自居，将榜样的行为和表现同化为自己的特征。在现实生活中，模仿偶像的做人准则、兴趣爱好，甚至发型服饰，都是一种自居行为。个体通过模仿习得了相应的价值观，儿童通过对同性父母的自居习得了性别角色特征和道德规范。

(7) 升华

在弗洛伊德看来，升华是防御机制的最高水平，它是指将本能的冲动转移到被社会接纳的具有社会意义的对象或活动上。比如喜欢打斗的人成为拳击手来满足自身；喜欢评论别人的人成为一个评论家。弗洛伊德认为升华既满足了个体本我的渴望，同时满足了超我的要求，能够为社会作出一定的贡献。

（四）弗洛伊德的方法论

弗洛伊德认为，精神疾病的发生一般有三种因素：第一种是遗传原因；第二种是病人儿时的经验，这是已成既定事实的往事；第三种是当下人生中出现的所有的痛苦，比如亲人突然离去、丢失了工作、遇到了重大疾病。精神分析所能够做到的就是使潜意识成为意识，消除压抑作用，或填补记忆的缺失。弗洛伊德的精神分析疗法主要有以下几种：

1. 自由联想法

自由联想是让病人在完全放松的状态下报告自己正在发生的一切思想，让病人回忆起与病症有关的事情。它的理论根源是弗洛伊德提出的心理决定论假设，即所有的心理活动都是有意义的，无论是一支笔、一件衣服、一种天气，都有着自身的意义。

通常情况下，治疗室里放置一个长沙发，病人进入之后闭着眼睛躺在上面。弗洛伊德会坐在病人头部的沙发扶手上，处在病人的视觉盲区，这样病人就不会担心分析师会看到自己的表情，可以更加放松地表述脑中联想出来的事情。分析师要认真地倾听病人的诉说，任何琐碎的想法都不能遗漏，要从病人的描述中找到各个事件的联系，并分析它们的根源所在。除非在病人出现联想困难时，分析师才可以介入病人的联想，否则不可以给病人任何思路限制或者指导。病人的状态越放松，越能够在安静轻松的氛围下连贯地进行联想，也就越能调动潜意识里被压抑的与病症有关的痛苦、冲动和欲望，它们会直接或者伪装起来冲破潜意识的束缚浮到意识层面，被分析师捕捉到，进而能够分析出他们病症的根源。

图 4-2　自由联想治疗

2. 精神分析暗示法

与催眠法不同，催眠法的暗示要伪装起心中的潜意识，而精神分析的暗示旨在暴露病人的隐意从而加以消除潜意识中的欲望，在引起症候的矛盾中，找到病症的根源。我们前面提到的梦的解析就是精神分析暗示法之一，进行梦的解析需要有两种基本假定，一是梦的隐意都是有意义的，二是梦在一定程度上是可以被分析的。

3. 移情

移情是指患者把分析者看作自己童年或过去的某一重要任务的再现或化身，结果把无疑用于原型的感情和反应转移到了分析者身上。移情又分为正移情和负移情。正移情是指病人将对原型的欣赏、尊敬、爱慕之情转移到分析师身上；负移情是指病人将对原型的憎恨、嫉妒转移到分析师身上。在精神分析中，移情是经常会出现的现象，但是它并不是治疗结果的决定因素。在治疗中，分析师不应让病人沉浸在移情的情绪中，而应当清楚地让病人意识到移情的出现，让他认识到那些被压抑在潜意识之下的感情。

> **拓展材料**
>
> ### 病人的移情
>
> 病人并不满足于从现实的角度把分析学家看作援助者和指导者，认为他们承担这项艰难的工作是领取报酬的，而且他们本人也心甘情愿充当诸如攀登高山险峰的向导之类的角色。相反，病人在分析学家身上看到了某个出自他童年时代或往昔岁月的重要人物的复返、再生，从而把无疑适用于这个原型的感情和反应转移到分析学家身上。这个移情现象很快就被证明是一个具有意想不到的重要性的因素，一方面是别的任何东西都不能代替的宝贵工具，另一方面又是严重危险性的源泉。这种移情是矛盾的：它含有对分析学家的肯定（爱慕）和否定（敌视）两种态度，分析学家通常被病人当作双亲中的任何一方，即父亲或母亲。只要这种移情是肯定的，它就会对我们有很大帮助。
>
> （资料来源：弗洛伊德. 精神分析纲要[M]. 刘福堂，译. 安徽文艺出版社，1987：39—40.）

二、霍妮的儿童基本焦虑理论

有学者将精神分析理论分为以弗洛伊德为代表的经典精神分析学派、自我心理学派、客体关系学派和社会文化学派。霍妮早期受到正统的弗洛伊德理论的影响，接受了无意识理论，并在自己的理论体系中沿用下来。霍妮认为社会文化环境在人格发展中起决定作用，并引领了社会文化学派的精神分析，创造了神经症理论，对焦虑以及防御机制作了充分的阐释。而且她站在女性的角度进行研究，出版了《女性心理学》，被认为是伟大的精神分析女权主义者。

> **拓展材料**
>
> ### 霍妮：弗洛伊德的女性性欲观点
>
> 弗洛伊德在他的理论中宣称，无论是男性还是女性，人的身上都有雌雄同体的倾向，而正是由于这种倾向导致了男女身上的各种精神怪癖和障碍。他的主要观点可以概述为：男性身上有不少精神怪癖源自他们的女性倾向与排斥女性倾向两者间的冲突；而女性身上有不少精神怪癖都起因于她们想成为男人的欲望。因为弗洛伊德的这个观点主要是针对女性心理详尽阐述的，所以我们在这里也主要讨论他的女性心理学观点。
>
> 不知弗洛伊德的说法是否可以这样来理解：当女孩在成长过程中突然在某一刻

发现自己没有阴茎，于是最大的不安就此产生了，并且足以困扰其一生。"对于女孩来说，人生的一大转折点就是发现自己被'阉割'了。"对于这个发现，她的反应是，希望自己也能长出阴茎，而且想拥有阴茎的愿望非常明确，并认为有阴茎的男孩都是上天的宠儿，为此妒忌不已。不过在正常成长的过程中，这种阴茎妒忌并不会持续太长时间，当女孩意识到自己的这种先天"残缺"已成事实定局不可更改后，就会把拥有阴茎的渴望转变为拥有孩子。阴茎妒忌说到底不过是一种自恋现象，可理解为女孩因为发现自身比男孩缺少什么，所以才感到不满。但是，阴茎妒忌生根发芽的地方是对象关系。弗洛伊德认为，无论男孩还是女孩，他们的第一个性对象必定都是母亲。女孩希望拥有阴茎除了因为想满足自恋癖式的自尊外，更是因为她对母亲存在着性本能欲望。而这种性欲同样是生殖器性质的，只要是生殖器性质的就必然带有男性特点。弗洛伊德显然是因为没有搞明白异性相吸的基本力量，才会提出这样的疑问：为什么女孩需要把性依恋从母亲身上转移到父亲身上？对此疑问，他预备了两种解释：一是她潜意识里觉得自己没有阴茎是母亲的责任，所以对母亲产生了敌意；二是她想从父亲那里得到这个器官。"说到底，女孩因着对阴茎的渴望才把依恋转向父亲。"若是如此，人之初，无论男孩女孩，都只知道一种性——男性。

阴茎妒忌对女性的成长的影响被认为是不可修复的创伤，即使在最正常的情况下成长，想要克服这种妒忌也得花费很大力气。女性一些重要的态度和愿望无不需要从得到阴茎的愿望中汲取能量。下面把弗洛伊德对此说明的主要观点简单概述一下。

弗洛伊德认为女性最强烈的愿望就是能生个儿子，因为唯有这样对获得阴茎的希望才能得以延续。从拥有阴茎的意义上说，儿子代表了愿望的实现。"母亲同儿子的关系是唯一能给母亲带来真正满足的东西。她可以将先前被压抑的所有抱负都转移到儿子身上，并从他那里得到扎根于灵魂的男性情结的满足。"

怀孕期间，本该出现的神经质障碍因为怀孕而得以平息，而且，被称为"阴茎的象征性满足"（孩子象征阴茎）将为她带来快乐。因某种功能性原因母亲延迟了分娩期，则暗示着她不想同象征阴茎的孩子分离。在某种情况下，母性因为易于让她联想到"妇道人家"，因此可能会选择抛弃母性。同理，因为月经也是女子独有的，易令人同"女流之辈"相联系，因此才会在月经期间情绪暴躁、低落、失控。总之，如果把月经看作罪魁，那么女流特质就可以被认定为原罪了。因而才有了这样的解释，即痛经是幻想父亲的阴茎被吞吃的结果。

阴茎妒忌对女子最深刻的影响是，令她同男子的关系出现障碍。女子因为希望得到这样一件礼物（代表阴茎的男孩），所以把希望寄托于男人，另外，也因为她们可能想要实现所有的抱负，如果男人辜负了她们的希望，女人就会毫不犹豫地背弃他们。女子对男人的妒忌，还可能令她们想要超越男人，贬低男人。另外，追求独立也可以解释成同样的原因，因为独立便令她们有资格小觑男人的帮助。女性一旦有了第一次性关系，就可能反感自己的女性角色，失去贞操可能令她们敌视性伙伴，因为性交在她们看来几乎等同于受阉割。总之，在弗洛伊德眼里，女性的一切性格特点，在本质上都是源于阴茎妒忌。

（资料来源：卡伦·霍妮. 精神分析的新方向［M］. 梅娟，译. 译林出版社，2016：72—74.）

弗洛伊德将女性所有的性格特点在本质上都归于阴茎妒忌，霍妮在研究的过程中反对弗洛伊德对女性性欲的看法。霍妮认为文化因素在其中起了重要的作用，无论何种性别都受着文化环境的影响。下面我们介绍霍妮的主要观点和理论。

（一）童年经验的重要性

霍妮认为童年期的经验对于一个人的发展有着决定性的影响，但是她更加关注的是童年经历是如何影响个人发展的。在《精神分析的新方向》一书中，她对此作了阐释。

1. 追溯童年痕迹

成年人对于某些人和事件的好恶都可以在童年的经验中找到痕迹。比如一个人很讨厌猫，是因为他小时候曾经被猫抓伤，因此产生了对猫的憎恶。有的成人很难去相信别人，是因为他在童年的时候被父母哄骗过很多次，父母很少履行对他的承诺，所以他无法建立起人际之间的信任感。这就是儿时的经验影响成年后生活的例子。

2. 从整个性格结构理解人的行为

霍妮对童年时期的经历决定整个人生的发展这个观点存疑，她认为童年时期的经历会对人的性格结构产生一定影响，开启了性格结构的发展，但是童年期后性格结构的发展因人而异，有的人在五岁时就停止了，有的人到青少年甚至到老年才停止。霍妮发现弗洛伊德将童年的记忆当作万能钥匙，无论是何种类型、何种程度的神经病症都能够从童年时期的经历中找到根源，但却忽视了童年期之后不断影响个体的文化和环境因素。童年时期的经历会留下痕迹，但是我们应当从整个性格结构来理解成年人的行为，而不能完全归咎于儿时的经历。

当一个人在工作中被领导批评，从此他就会有点讨厌这个领导。根据弗洛伊德的分析，他有可能是因为被领导批评再现了儿时被父母拒绝的经历。但是如果只是按照弗洛伊德的理论进行分析，事情的真实原因就不能被完全地挖掘出来。人格是复杂的，童年经历有烙印，在成长的过程中接触到的环境也会影响人格的发展。或许这个人在事业的上升期做得非常认真、努力，但是却被领导批评，那么产生沮丧的感觉是自然的，并非必然要与童年经历联系在一起。霍妮认为，分析一个人的病症，应当努力根据具体人的实际性格结构来理解那些直接事件。

(二)基本焦虑与防御机制

1. 基本焦虑理论

霍妮认为,基本焦虑是指个体出生后形成的无助感和恐惧感。儿童的基本焦虑来自人际关系带来的困扰,基本焦虑本身就是一种神经症现象。它的出现主要是由于当前存在一种冲突——既依赖又抗拒父母。在儿童期,如果父母总是过度支配、羞辱、冷落、嘲讽、严苛要求儿童,对儿童的需要漠不关心,缺少尊重,儿童从父母身上得不到充足又安全的关爱,感受不到可以信赖的温暖,这就导致儿童与父母之间产生一种冲突,儿童对父母产生敌意。但是由于社会价值观的制约,以及在生存上对父母的依赖,儿童只能将这种敌意压抑到潜意识之中,产生了基本焦虑。这种焦虑会导致儿童对外部世界的不信任,影响儿童的社会交往,且他们无法从父母身上得到安全的关爱与照顾,经常被琐碎的事情烦扰,从而形成不健康的防御机制。长久来看,会对他的人格发展产生不利的影响。

在《自我分析》(1942)一书中,霍妮阐释了她关于神经症驱动力量的观点,不同于弗洛伊德将力比多(原始性欲)作为神经症的驱动力,霍妮认为后天形成的人格中的驱动力才对神经症发挥主要作用。在此书中,霍妮总结了十种神经症倾向。

(1)对爱和赞许的神经症需要

有这种症状的人以他人为中心,喜欢迎合和取悦他人,不喜欢做决定,喜欢听从别人的想法,害怕别人对自己产生敌意,也害怕自己内心的冲突。

(2)依附于"伙伴"的神经症需要

完全以"伙伴"为中心,这个"伙伴"会满足患者对生活的所有期望,对善与恶负起责任,"伙伴"的有效指令成为患者需要执行的首要任务;对"爱"的评价过高,认为"爱"可以解决所有的问题;害怕被离弃,害怕孤独。

(3)把自己的生活限制在狭窄范围之内的神经症需要

为了避免失败而表现得无欲无求,克制自己的野心和物质欲望;一定会保持低调并在群体中处于从属地位,轻视现有的才能和潜力,把谦虚看得最为重要;极力节省而不是花费;害怕向他人提出任何要求;害怕产生或表达自己的愿望。

(4)对权力的神经症需要

崇拜强权,蔑视弱小;渴望有权力支配他人;根本不尊重他人,不尊重他人的个体性、他人的尊严、他人的感情,唯一关心的是他人的从属性;害怕出现无法控制的局面;害怕自己软弱无力。

(5)剥削他人和不择手段地获取他人利益的神经症需要

主要按照是否能够剥削或利用他人而去评价他人的价值;剥削的内容有很多——金钱、思想、性欲、感情等;以巧妙地剥削他人而自豪;害怕受到剥削;害怕自己成为别人眼中的蠢人。

(6)对社会认可度或声誉的神经症需要

对所有的事物、活动、人、感情,都只是以他们的社会声誉作为评价标准;进行自我评价完全依赖于被公众认可的程度；运用多种手段引发他人的羡慕或称赞；害怕失去社会地位，不管是由于外部的环境，还是由于自身因素。

（7）赞扬自己的神经症需要

非常自恋；需要受到他人的称赞，无论本人表现到底怎么样，无论在他人心目中的印象如何，因为想象出来的自我值得被称赞；害怕失去称赞。

（8）对个人成就的神经症需要

需要超过他人；根据是否成为极优秀的人来评价自己；无论何种身份和角色，要成为自己心目中的优秀的人，也需要他人的认可，如果没有得到一定的称赞就会不开心；一直都想打败他人，赢过他人；坚持不懈地驱使自我得到更大的成就；充满焦虑；害怕失败、蒙受耻辱。

（9）对自足和自立的神经症需要

不需要任何其他人，或者从不受任何外界影响，从不必受约束于任何事物、任何亲密关系；安全感的唯一来源是离群索居；害怕需要他人、害怕爱。

（10）对完美的神经症需要

坚持不懈地追求完美，因为完美能产生超越他人的优越感；对可能存在的缺点反复思索和自责；害怕发现自我的缺点，害怕出错；害怕别人的批评或指责。

如果自我结构出现不协调，就会出现基本焦虑和性格结构异常。为了应对与之而来的痛苦，个体会有多种方式。霍妮整合了上面提到的十种神经症，在《我们的内心冲突》一书中，她将儿童应对的手段概括为三种神经症类型：

（1）趋众

趋众的人呈现出强烈的无助感，他们渴望从别人的身上得到爱，愿意抛开自己的恐惧，努力地获得他人的关心和爱护，并依赖和顺从他人。他们缺乏主见，随波逐流，在社会交往中表现得善良、友爱、无私，以此获得他人的好感，能够得到群体的认可，从而依附于一个群体。当被他人需要时，会增加他们的安全感，让他们感觉到不那么孤独。在此基础上，儿童形成依从型人格。

（2）逆众

逆众的儿童对周围的世界表现出普遍的敌意，对他人不信任，不喜欢别人施加给自己的任何东西，他会对自己讨厌的东西进行抵抗，企图通过强大的金钱、权力来与他人抗争，战胜别人并成为社会中的强者。在此基础上，儿童形成敌意型人格。

（3）离众

离众就是指与他人保持一定的距离，与人并不过分亲密也不过分冲突，这一类型的人喜欢离群索居，他感受不到自己和他人的相同之处，也觉得他人无法理解自己，他构筑起一个属于自己的世界，将自己封闭其中。

《神经症与人的成长》（1950）一书是霍妮生前最后一本重要的著作。在本书中，霍妮认为神经症的出现是因为人与自我和与他人的关系失调，并将人的自我划分为真实的自我、理想的自我和现实的自我。真实的自我类似于弗洛伊德的本我概念，它是人的潜能以及生命的自然流露；理想的自我类似于弗洛伊德的超我概念，是一种完美的意象；现实的自我则是在外界环境中，人在环境作用下的表现，类似于弗洛伊德的自我概念。

> **拓展材料**
>
> ### 环境与焦虑：小班入园焦虑的个案观察
>
> （一）幼儿观察
>
> 当天是幼儿园开学第二天，还未进入班级内，沿着整个幼儿园小班区域行走时，已经听到孩子们的哭声一片。推开小二班门的那一刻，哭声"排山倒海"充斥耳朵。进入活动室后，大部分孩子都是号啕大哭，有说"找妈妈"的，有说"找爸爸"的，还有一对双胞胎兄弟"找奶奶"。焦虑与不安的气氛蔓延整个班级，离开原本的家庭，幼儿的紧张与焦虑情绪升腾起来，加之幼儿极其容易受环境的刺激和影响，也许本来不焦躁或已经缓解的孩子也跟着哭起来。
>
> （二）分析与评价
>
> 霍妮认为，环境对人的心理和行为具有十分重要的影响，人、人的心理不是人的生物本性，而是人的生活环境，是社会文化、是人际关系。
>
> 儿童的焦虑存在于一个陌生或有潜在危险的环境里，焦虑是他们体验到的孤独感和无助感的不良情绪。小班幼儿刚刚离开熟悉、宽松的家庭环境，进入一个陌生且具有规则的新环境，才会产生这样的情感不适，而这时幼儿并未从情感上接受、认可幼儿园的人、事、物，自然而然会引发不安全感，并且他们的情感需求无法及时得到完全满足，因而用哭泣的方式发泄情绪、寻求安慰。霍妮曾说："我们的情感和心态在极大程度上取决于我们的生活环境，取决于不可分割、交织在一起的文化环境和个体环境。"陌生且具有潜在危险的环境使幼儿陷于无法调和的内心冲突之中，使他们产生情感的隔离、不安全感、恐惧和无助。
>
> （资料来源：刘婧语. 小班幼儿入园焦虑的个案观察和评价
> ——从霍妮焦虑理论分析[J]. 教育，2016〈15〉：5—6.）

2. 防御机制

霍妮将基本焦虑引发的防御机制总结为七种，分别是：

（1）盲点作用。盲点作用是指人对自己的实际行为和他心目中的理想形象之间的差异视而不见。比如有的人一边谴责别人没有社会公德和人情味儿，同时他自己也缺乏爱心，对人冷漠。

（2）分隔作用。分隔作用是指人为了满足多种客观现实中的需要，避免产生冲突，将自己划分成适合于不同场合的人。比如，丈夫在柔弱的妻子面前是一个有担当的、坚强的男人，同时在强势的母亲那里又变成了一个言听计从的儿子。

（3）合理化作用。通过推理的方式达到自我欺骗的效果。比如父母通过体罚来教育孩子时，他们会暗示自己这是一种传统且流传很广的教育方式，也并未对孩子造成多大的身心伤害,将体罚视作合理行为。

(4) 过分自控。过分自控的人,会抑制自己不良的欲望和消极情绪的发泄,日积月累,导致心理问题,同时还可能由于压抑的固化,形成强迫症。

(5) 自以为是。自以为是的人觉得自己做什么都对,对自己以为自己很懂的事情就不加探索和深究,这种人有明显的进攻倾向,同时又因为自认为已了然一切,表现出超然的特征。

(6) 捉摸不定。捉摸不定的人表现得缺乏主见与不稳定,总是随波逐流,即俗语说的"见人说人话,见鬼说鬼话"。

(7) 犬儒主义。它的表现是蔑视世俗观念,嘲弄道德标准。

三、埃里克森的自我同一性发展理论

埃里克森追随安娜·弗洛伊德,强调自我适应性,以自我同一性为理论核心,创立了人格发展渐成说,将人生划分为八个阶段,每一个阶段都包含着两个相互对立的心理特征。他的理论主要体现在《童年与社会》(1950)和《同一性:青少年与危机》(1968)两本著作中,之后他还发表了《甘地的真理》(1969)和《新的同一性维度》(1973)两部研究与阐释同一性的著作。

(一) 自我同一性

埃里克森被称为"自我同一性之父"。在二战期间,埃里克森在退伍军人健康诊所工作。他在工作期间发现,从战争中走出的士兵表现出缺乏历史的连续性和个人的同一性,他们没有目标,也不清楚自己的定位,由此引发了他对自我同一性的研究和阐释。自我同一性的概念非常复杂,埃里克森并未给出明确的定义,但是它强调的是在个体发展的过程中,个体对自身的认同以及信仰和价值观的一致性和连续性,还有个体内部与外在环境之间的整合性。

与自我同一性相对立的是同一性混乱。当人出现同一性混乱的时候,他的内部心理和外部环境之间出现了不稳定和不平衡,他感受不到生命的连续性,在当下这一刻,他不清楚自己在人生中的位置,在社会中的角色,也不知道自己应该做什么。当同一性混乱出现时就容易导致同一性危机,青年人无法适应社会,找不到自己的定位,就会脱离社会、逃避现实,做出一些缺乏分寸的事情,所以建立和保护青少年的同一性对个体发展和社会发展都是非常必要的。

拓展材料

"刘德华"的困惑

23岁的吴可在长春某广告公司任职。因为外貌酷似香港明星刘德华,加上惟妙惟肖的模仿,使他在一次明星模仿秀大赛上脱颖而出。就在商业演出接连不断,周围朋友羡慕不已的时候,吴可陷入了困惑,他不知道应当怎么办……

吴可长得太像刘德华了。他也说不清从哪天开始,他疯狂地模仿刘德华。他希望有一天能像刘德华那样,拥有鲜花、成功和喝彩。为此,他花了一大笔钱进行了两次整容，让自己从外形上更接近刘德华。果然如其所愿，整容后的吴可商业演出接连不断，出场费是3万元。朋友的羡慕、鲜花和掌声的包围，真的让他体会到了做明星的荣耀。有一次，举办啤酒节的时候，主办方打着刘德华的招牌，人们拿着海报、相机，有要吴可签名的，有要合影的，场面非常大，人非常拥挤，当时那种人气已远远超出同在现场演出的二三线明星，让吴可感觉到真的刘德华来也不过如此，虚荣心得到了极大的满足。但是，当吴可独自静下来的时候，就会生出许多烦恼：我算成功了吗？人们给我掌声，跟自己有什么关系？看起来像是成功了，但那都不是因为我吴可，而是因为刘德华。之所以当初模仿刘德华，是因为自己没什么名气，想借模仿他的机会"借壳上市"。没想到当初借了这个"壳"，现在就摆脱不了了。

每当夜幕降临，吴可躺在床上的时候，常常闭上眼睛就想：我到底是谁？我到底是吴可还是刘德华？但是，等他定神要确认自己是刘德华还是吴可的时候，两个角色就打架了。

一位心理学家的分析是：出现这样一种状态，说明吴可在自我认同方面出现了混乱。用心理学的词汇说，叫作自我同一性混乱。具体说来，就是他在清醒的状况下，在人前，要尽力排斥掉吴可的所有标志。但是，等到他一个人面对自己内心的时候，他又必须不断告诫自己：我是吴可，不是刘德华。这种矛盾、这种混乱，使他既想抓住刘德华，抓住成功的机会，又想甩掉刘德华，甩掉背在自己身上的别人的"壳"。

在吴可模仿刘德华赢得一些成功的时候，曾有记者问他：与刘德华相比，你有什么优势？吴可回答说，唯一的优势就是比他年轻20岁。专家告诉他，现在这样的社会里，20年可以学很多东西。假如你只盯住一个刘德华，估计更广大的歌迷会说，这小子能学像刘德华就不错了，还想超越他？你想，让一个只是外貌相像而从没受过音乐训练的人学唱歌，他只能拿刘德华的录音一遍一遍放，然后一点一点模仿，又一首一首地唱，他怎么可能超越刘德华呢？心理专家告诉他，你用不着把自己的路设计得那么窄，你严格地沿着刘德华的路走，走到头就是黑暗。倒不完全是前途黑暗，而是个人精神生活的黑暗，因为你一直生活在另一个人的影子里。

专家支着儿说，你现在因为模仿刘德华已经在演艺界有了些本钱，完全可以借这个船下另外的水，真正练出自己的本事来。可以想象，到了20年以后，你做的一件事情成功了，那时候有一个女孩子过来给你献花时说刘德华长得有点像你，你是什么感觉？那时候的你，就真的不是刘德华而是你吴可自己了。

（资料来源：新浪网）

（二）人格发展的八个阶段

埃里克森与弗洛伊德都属于人格阶段论者，弗洛伊德根据性感带的发展将儿童的发展划分为五个阶段，埃里克森则根据心理社会危机将人的发展划分为八阶段。弗洛伊德属于人格早期预成论者,童年经历会决定之后的人格发展,而埃里克森则认为人格无时无刻不受着社会环境的影响,人格发展贯穿人的一生。

表4-1 埃里克森同一性渐成说人格发展的八个阶段

阶　　段	年　　龄	发展冲突
第一阶段:婴儿期	0—1.5岁	信任感对不信任感
第二阶段:儿童早期	1.5—3岁	自主感对羞怯和疑虑
第三阶段:学前期	3—6岁	主动感对罪疚感
第四阶段:学龄期	6—12岁	勤奋感对自卑感
第五阶段:青年期	12—18岁	自我同一性对同一性混乱
第六阶段:成人早期	18—25岁	亲密感对孤独感
第七阶段:成人中期	25—50岁	繁殖感对停滞感
第八阶段:成人后期	50岁至死亡	完美感对失望和厌恶感

1. 婴儿期(0—1.5岁)

在0—1.5岁阶段,婴幼儿发展的主要任务是建立对外界的信任感,克服不信任感。这一时期婴儿从母体中分离出来,接受母亲的哺育,通过吮吸来"摄入",通过大小便来"排出",在"摄入"和"排出"的过程中与外界建立了基本的联系。婴儿的口腔、呼吸、感觉和动觉形成一个联动的体系,整体地感受着外界的爱,变成一个既有内部的确定性,又有外部可预知性的现实个体,建立起对世界初步的信任感。在这段时期,亲子关系对婴幼儿信任感的建立非常重要。母亲是婴儿来到世界上第一个依附的亲密关系体,如果一位母亲温柔、平和、耐心地养育婴儿,则婴儿会感受到最初的安全感,他会从母亲的关怀和外部的文化结构中产生坚定的信赖感;如果母亲暴躁、易怒、冷漠,婴儿则会从与母亲的联结中产生对外在环境的不信任感。

但是这段时期过多或过少地满足都会导致婴儿发展的停滞。如果在婴儿身上倾注过多的关注,给予他们过度的满足,婴儿则会贪恋此时的状态,拒绝向前发展;如果婴儿得不到基本的满足,则会产生被遗弃的感觉,从而引发对外界的疏离和敌意。

2. 儿童早期(1.5—3岁)

在1.5—3岁阶段,幼儿的身体机能迅速发展。婴儿期主要依靠成人实现身体位置的移动,而在这一时期,幼儿可以自如地移动位置,双手可以熟练地做出抛、掷、握、捏等动作,并且发展了一定的认知能力、语言能力和社会交往能力,身体和思维自主性的增加使幼儿获得了自主感。幼儿非常有好奇心,在探索外部环境的过程中,幼儿会遇到很多"人生的第一次",但幼儿的身心发展就整个人生阶段来说还处在较低的水平,此时幼儿还是需要依赖成人,需要在成人的管束和指导之下生活。

在这个时期,幼儿同时拥有了"抓住"和"放开"的能力:"抓住"意味着主动,也可能会发展成向外的破坏性活动;"放开"意味着宽容和原谅,也有可能转变成与破坏力量相反的松弛。这个阶段的幼儿也需要外部的控制,控制可以防止幼儿在面对外部世界时对于"抓住"和"放开"的无能。如果幼儿能够在受尊重的环境中进行良好的自我控制,拥有自主性,那么他可以发展出持续的成就感和自豪感;但是如果缺乏自我控制或者是外部控制太过于严苛,幼儿就会产生羞怯和疑虑的感觉。所以在这个阶段,幼儿发展出自主性,但同时要克服羞怯和疑虑。

3. 学前期(3—6岁)

在3—6岁阶段,幼儿的感知觉、身体机能的精确性和语言能力、社会交往能力都有了很大的提高,并且发展出一定的规则意识和道德感,本我、自我和超我开始表现出一种平衡。埃里克森将本阶段的主要行动方式称为"侵入",幼儿表现出强烈的"主动精神"。幼儿可以依靠自己来探索家庭以外更广阔的外部环境,男孩表现得上蹿下跳,不停地跑来跑去,并且会表现出身体的攻击性,而女孩则会表现出夺取行为,男孩女孩都展示出了较强的主动性。但是主动性也带来了攻击性,这种攻击性和向外扩张的活动可能超越了可控制的自主性,并且在这一阶段,幼儿的性欲、"阉割情结"、恋母情结以及发展出来的超我交织在一起,幼儿需要克服对父母的迷恋,在超我发展的过程中,幼儿需要接受不完美的行为,从而产生了怀疑和逃避以及道德感的压抑,"侵入"和道德感的发展成为幼儿罪疚感的来源。

在这一阶段,如果父母表现出过分的控制和约束,幼儿的愧疚感会更强烈,在以后的生活中,幼儿会变得畏首畏尾;如果父母过度宽松,幼儿则不会建立起正确的道德感,这两种情况都会使得幼儿无法将自己放在整体的环境中正确评判自己的行为,过分怯懦或自大都会导致后期无法发展出良好的同一性。

4. 学龄期(6—12岁)

这一阶段相当于弗洛伊德提出的潜伏期,儿童有能力参加各种各样的社会活动,社会交往大幅度增加,性欲转移到与同伴的友爱关系中。儿童此时离开了家庭生活进入学校,要从学校中学习大量的社会文化知识和社会需要的技能,儿童投入到工具制作和参与任务中,建立勤奋感成为主要任务,完成任务的目的代替了之前单纯的身体游戏。在学校生活中,游戏已经不是主要的活动,有目的的学习成为重心,学习结果让儿童体验着成就感与挫败感。在同伴交往中,儿童也被拿来与同伴比较,如果在同伴中没有获得认同和社会地位,会导致他产生自卑感,此时克服自卑感就变得尤为重要。

5. 青年期(12—18岁)

在青年期,之前潜伏的或者升华了的心理性欲释放出来,青年发生了强烈的生理变化,并出现了超越自身能力的成人任务。青年期之前的四个阶段所建立起的信任感、自主感、主动感、勤奋感对于整合前期各个阶段的角色、建立起自我同一性,从而正确地对待成年之后的生活是非常重要的。青年进入了青春期之爱,自身的形象在另一个人的眼中显现出来。在群体中,青年人趋向集体中的"英雄人物",并依靠细节来判断是否是"自己人",通过观察爱人或是同伴对自身的反应,建立起同一性。经历过前面的四个阶段,青年对自己有了较为清楚的定位:我是谁?我拥有什么?我可以做什么样的事情?我想成为什么样的人?并且为进入社会作好了心理准备。但是在以一个成人的身份进入社会的过程中,需要处理好自身的能力、期望与外界的要求、现实之间不能匹配的情况。人生出现很多选择,正确认识自我、做出合理的选择是一个艰难的过程,但是此时同一性的建立可以让人达到一个更高的发展境界。如果在这个阶段青年无法平衡自身与社会之间的关系,则会出现同一性混乱,对自身发展和社会发展都有不利影响。

6. 成人早期(18—25岁)

在这一阶段,青年开始恋爱并迈入婚姻,组建家庭,成为一个成年人,此时的任务是发展亲密感,克服孤独感。成人之后,青年男女开始进入工作,实现独立地生存,此时,青年男女已经具备了独立能力,并且自愿准备着分担工作、生儿育女和文化娱乐等方面的生活,以期最充分而满意地进入社会。青年人愿意将自我同一性和他人的同一性结合起来,发展出亲密关系和伙伴关系。如果青年人在建立自我同一性之前就结婚,他就无法与伴侣进行健康的关系;如果因为害怕丧失自我而无法与他人建立亲密关系,离群索居,则容易产生孤独感,也无法在社会关系中建立同一性。

7. 成人晚期(25—50岁)

在这个时期,成人生儿育女,并且在工作中发挥自己的价值。如果一个成年人具有良好的同一性,他会在家庭、工作和社会生活中平衡好各方关系,他会悉心抚育下一代,指导下一代的成长,这也就是埃里克森所说的"繁殖感"。但是繁殖感并不仅限于抚养子女,对于那些热心工作的人来说,将热情和精力倾注在自己的事业上,发挥自己的创造力为整个社会创造价值,同时也达到了为社会的下一代创造美好生活的目标。如果成年人没有获得良好的繁殖感,而是产生了停滞,放纵自己,在家庭生活中就会表现得了无趣味,不懂得如何培养下一代,在工作中效率低下,靠混日子来生活。

8. 成人后期(50岁至死亡)

成人后期是人生命中最后一个阶段,这一阶段,人的身体机能下降,经历了退休,脱离了工作中的价值创造和原有的社会地位,拥有了大把的空闲时间。在这段时间,老年人开始反省自我,回顾这一生的经历。如果良好的同一性贯穿一生,在年轻时期家庭美满、儿女优秀、工作上也取得了相应的成就,那么在这一时期老年人会获得完美感,觉得这一生过得是有意义的,并形成智慧的品质,那就是即使在生命即将终结时,仍然关心生活本身,用一种积极的态度来生活,接受死亡的现实,相反则会产生一种失望感和厌恶感。

第三节　对精神分析发展理论的评析

一、对弗洛伊德的儿童心理发展理论的评析

(一) 贡献

1. 弗洛伊德的精神分析理论开拓了心理学的研究范围

之前的心理学认为人是理性的动物,人的欲望、行为都是基于理性判断出发的,而且研

究都集中在简单的心理现象,比如记忆、知觉。弗洛伊德的精神分析颠覆了理性的主宰,开辟了潜意识心理学研究的先河,将心理学从表象的意识引入了巨大冰山下的潜意识领域,挖掘潜意识深不可测的力量,潜意识的研究填补了心理学意识研究的空白。

在构造主义心理学盛行的时期,研究者将心理划分为越来越细小的单元,而忽视了人的整体的心理现象。弗洛伊德创造了心理结构和人格结构说,将心理和人格各用三个相连的层次串接在一起,并从童年经验延伸至成年的表现,促进了心理学由分散的部分向主体的回归。弗洛伊德认为任何的意识和外在的行为都可以追究其以往的经历,换句话来说,所有行为都是有果必有因,任何病症都可以沿着当下的想法追溯到源头。

2. 重视儿童早期经验的研究,推动了儿童心理发展理论的建立

弗洛伊德十分重视童年时期的早期经验对成年人格发展的影响。他认为神经症病人的病因都可以追溯至其童年期的创伤,并且用大量的实例来证明童年期的印记并没有从人生中消失,它被压抑在潜意识中,不知何时会发生作用。弗洛伊德根据性感带的不同总结儿童发展的几个阶段——口唇期、肛门期、前生殖器期、潜伏期、青春期,向父母揭示了儿童发展的阶段重点,并提出了在教养中需要注意的方面。弗洛伊德创建的理论体系比同期的其他研究更加能够推动儿童心理发展研究,此后心理学界出现了一大批弗洛伊德的追随者,这些学者或继承或创新,推动了儿童心理发展理论的建立。

3. 丰富了心理学的研究方法

弗洛伊德创造出了与心理实验完全不同的研究方法,他独创了自由联想法、精神分析暗示法、移情等方法,促进了心理学研究和神经症治疗,补充了实验心理学研究方法。

(二)局限

1. 主观色彩

弗洛伊德抛弃了理性主义,转而将神秘的潜意识捧到制高点,贬低意识的作用,认为人的行为都是靠潜意识来驱动的,为精神分析附上强烈的主观色彩,走向了另一个极端。

2. 泛性论倾向

弗洛伊德将本能主要是性本能作为人的心理发展和一切行为的动力,认为性背后的力比多驱使着人去追求快感,把人本能化、生物化,认为个人的发展乃至宗教发展、社会变迁都是源于人的性本能,忽视了人的意识和行为背后的社会文化的力量。但是弗洛伊德的学说并非是让人们放纵性欲,而是主张用正当的途径解放和满足性欲,我们要辩证地看待弗洛伊德的观点。

3. 歧视妇女

在弗洛伊德看来,女性相对于男性是不完整的,这在弗洛伊德的学说中可以经常看到。在儿童早期,女孩由于缺少男孩的生殖器这一凸起的部分而产生阴茎妒忌,女性最强烈的理想就是生个儿子,甚至女性在成年时期的成就也是因为被压抑的阴茎妒忌的升华和伪装。弗洛伊德无限夸大了男女的生理差异,并且将女性放在一个未完成的男人的身份上,认为女性相对于男性来说是被动的,忽视了社会文化因素和环境的作用。他的女性理论遭到之后很多心理学家的反对和摒弃。

二、对霍妮的儿童基本焦虑理论的评析

（一）贡献

1. 丰富了精神分析理论

霍妮将文化因素引入精神分析，将精神分析从生物本能转向了社会文化，认为人的发展取决于社会文化和环境因素的影响。她认为儿童产生的基本焦虑是由于在家庭环境中与父母的冲突引起的，儿童的这种焦虑会引发儿童产生防御机制来克服焦虑和不安全感，这种防御策略的固定使用会变成人格中的一部分。如果家庭温暖，则会减少儿童出现神经症的概率。

霍妮对人的发展表现出一种积极的态度，认为人可以在环境中完善自我，避免了弗洛伊德的悲观主义。

2. 对女性心理学作出了贡献

霍妮的主要成就之一就是将文化因素引入女性心理学。弗洛伊德认为女性相对于男性天生就是"残缺的"，从而产生了阴茎妒忌，阴茎妒忌强烈的发展导致女性会从男性身上寻求庇护，依附于男性。霍妮提出了社会文化因素对于女性心理的影响。心理学家中绝大多数都是男性，这导致了心理学家思考问题都是从男性角度出发，而且这种情况的出现是因为文化氛围的影响，男性文明处于一个绝对的统治地位，导致女性在社会中无法发挥自己的才能。当女性达到某一种成就时，大家也会说她"像个男人一样厉害"，这种性别歧视一直到21世纪还存在着。女性需要更多的机会去实现自己的价值，当女性从男权社会中完全平等地解放出来时，我们才可以客观地去讨论两性的心理差异。霍妮在女权运动中发挥了重要的作用，为女性争取平等作出了巨大贡献。

（二）局限

霍妮引入了文化因素对人格发展的影响，她将儿童期的基本焦虑的根源放在家庭生活环境中来讨论，但是却没有看到家庭之外的社会因素对人类发展的影响，将社会因素狭隘化了，没有理解社会因素的本质含义。

三、对埃里克森的儿童同一性发展理论的评析

（一）贡献

埃里克森修正了弗洛伊德的偏颇，将心理过程的中心从本我转移到自我，将人的发展动机从潜意识转移到意识领域，发展出了同一性渐成说，将自我放在心理和社会环境的相互作用中，强调了社会环境在自我同一性建立中的作用。

埃里克森补充了弗洛伊德关于人格发展的阶段说，将发展视为终生任务。他的人格发展八阶段理论详细描述了人在整个生命周期中的每一个阶段的发展特征，以及会面临的冲突和危机，每一阶段的斗争都会牵涉心理和社会的双重影响，某一阶段发展得不够好在下一

个阶段还能有其他方法补偿回来,这为精神分析学说注入了新鲜的血液。

(二)局限

埃里克森延续了弗洛伊德的理论,将心理性欲的发展作为人格发展的基础,创建了以自我同一性概念为基础的生命周期理论。他的观念从根本上没有跳出弗洛伊德精神分析的本质,因此,他的变革不够彻底。

精神分析学说至今为止已经发展了100多年,在这100多年的历史中,精神分析发展理论经过了无数次的整合,取得了许多成就,也引来了很多争议。但是"认识和发展自己"是人类生命的永恒命题,所以心理学永远值得我们研究和探索,相信精神分析和其他的心理学理论会帮助我们拨开层层迷雾,对人的心理有更多的了解和发现。

本 章 小 结

弗洛伊德是精神分析学说的开创者,他的学说经历了四个阶段,包含两个重要的概念:无意识与本能。弗洛伊德提出了心理结构和人格结构模型,认为人的心理结构包含潜意识、前意识和意识,人格结构包含本我、自我与超我。他认为心理的发展就是心理性欲的发展,而心理性欲的发展是有阶段性的。

霍妮建立了基本焦虑理论,总结了十种神经症倾向。如果自我结构出现不协调,就会出现基本焦虑和性格结构异常。霍妮将文化引入精神分析学说,认为性格结构不仅受童年经历的影响,还受童年期之后各种因素的影响。

埃里克森提出了自我同一性和同一性混乱的概念,将人生划分为八个阶段,每一阶段都有自身的发展任务和需要的冲突。

延 伸 学 习

 拓展阅读

梦为什么让人感到神秘莫测

一直以来,梦都让人们感到神秘莫测。而在古希腊,身患疾病的人会躺在阿斯克勒庇俄斯神庙前,希望做个好梦将疾病驱除出体内。虽然一些人对梦的印象都是朦胧不清、支离破碎、缺少逻辑的,但这并不影响人们对梦产生的神秘感,也能从梦中体验到无法用言语形容的兴奋、恐惧、失落、快乐、忧伤等各种情绪。随着科技的进步以及对梦研究的进一步深入,梦的神秘面纱正在逐渐被一层层揭开,而关于梦的发现让人们获得了更多的理性。

国外科学家通过先进的技术发现了"异相睡眠期",这属于一个睡眠的阶段,人们在这个阶段中,眼球会快速地转动,而大脑神经元的活动和清醒的时候是相同的。可以说,相当一部分梦都发生在这个阶段。此外,科学家们还发现,边缘系统是人类大脑最为活跃的区域,

是控制人类情绪变化的关键部位。而掌握逻辑思维的大脑前额叶皮质的活动就要相对减弱很多,这就是为什么人们在异相睡眠期做的梦经常是没有逻辑或支离破碎的原因。

还有一个在异相睡眠期活跃的大脑区域是称为前扣带脑皮质的部位,该部位可以有效地辨别事物之间存在的差异,甚至还可以将一些陈旧的或者永久性的记忆存储起来。人们在梦中反复出现的已经淡忘或者很久远的事情或许可以从中得到解答。

或许有人会问:异相睡眠期做的梦是人类生存必需的吗?答案当然是否定的。因为即使一个人失去做梦的能力,对自身的身体或精神也不会带来明显的影响。比如,美国一位曾经参加越战的士兵,在20岁时被子弹穿过头部,幸运的是他并没有死亡,但他却无法产生异相睡眠期睡眠,自然也就不会做任何梦了。40年后,他的生活非常美满,同时还在众多领域培养起兴趣爱好,比如中国武术、绘画。对此,心理学大师弗洛伊德认为,异相睡眠期睡眠即使不是必需的,也是一种普遍存在的现象。现实中哺乳类和鸟类都存有异相睡眠期睡眠,但这并不意味着它们会做梦。有时它具有进化方面的意义,无论是哺乳类动物还是鸟类动物,异相睡眠期睡眠和非异相睡眠期睡眠交替出现可以最大限度地让脑部保持一定的温度而不会出现脑部温度过热的情况。

人们或许听说过"每个人或许都是天生的梦想家"这句话,它所要表达的含义是人们不用学习就会做梦。据研究发现,胎儿在很长一段时间内都处于异相睡眠期睡眠状态中,当他们成长为儿童时,异相睡眠期睡眠也会很长,通常是成人的两倍左右。弗洛伊德认为,异相睡眠期睡眠时间长是因为在刺激大脑成长,并不一定在做梦。现实中,儿童通常会比成人多梦到自然界中的动物,并且他们的梦境经常是被动物追赶。此外,儿童做的梦更多是具有幻想色彩的,而成人却不一样,他们做的梦现实因素可能更多一些。比如,成年男子的梦更多的是关于攻击、追赶、偷窃、销毁等内容,而成年女子经常会梦到婚礼,并且人物、地点都很不合乎逻辑。

人们对于梦的神秘性也会发出这样的疑问:梦究竟有什么作用呢?虽然现实中确实存在梦到彩票中奖号码或者梦到第二天考试的内容而收获颇丰的奇闻逸事,但如果说梦能够帮助人们占卜星宿或未来,这听起来却像神话。不过梦有时确实能带来意想不到的积极作用。比如,一个士兵梦到自己在战场中被敌人俘虏,梦醒后,士兵会加强军事训练,以免出现梦中被俘虏的情况。弗洛伊德通过科学研究,也证明做梦对学习能带来好处。比如,艺术家因为缺少灵感而中止绘画时,梦中的某个场景或许就会突然激发出他的灵感,从而让艺术家创作出惊世的名画。不仅如此,梦对于缓解压力也是有一定帮助的。研究发现,那些做梦情节丰富、生动的人不容易患有抑郁症。而心理学家就是通过分析患者梦里的场景或隐藏在患者潜意识里的情绪和感受,来帮助他们打开心结并缓解压力的。

其实,弗洛伊德在对梦科学的研究中曾多次强调梦是人类潜意识的反映,对梦境的分析可以有效治疗精神疾病。很多人也认为,梦与个体身体状态或所处环境有着很大的关联。研究发现,梦可以及时向人们预报一些疾病。疾病是存在潜伏期的,人们在日常生活中或许很难感受到身体的变化,但在梦中,潜伏期的蛛丝马迹或许就会出现。比如,有人在梦中会梦见自己的腿部受伤,梦醒后仍然有阵阵作痛的感觉,后来经过医院诊断,这个人的腿部确实发生了病变;有人在梦中会梦到自己胸口发闷,而且充满了恐惧和焦虑,后经诊断,这个人患有慢性的肠道炎。

再比如,心脏病患者经常会梦到自己被人追赶,有时还梦见自己被别人逼到悬崖边而从高处跌落,但就是跌落不到底,好像跌入一个无底洞;患有心绞痛的人大多会梦到自己被当众执行枪决或者被处以绞刑;患有肺部疾病的人会梦到自己胸部吊有巨大的石头,艰难地向前爬行……可以说,梦好比是人身体的一台测试仪,对人们忽视或不为所知的变化进行探测。

虽然人们会做一些噩梦,但也无需过于担心。在弗洛伊德看来,梦的出现至少可以反映出这样的问题:个体睡眠状态良好;大脑功能正常(老年痴呆症患者或者脑部受损的人是很难做梦的),在一定程度上有利于身心健康。如果剥夺了一个人做梦的权利,那么这个人精神上可能就会出现异常,也会给身体方面带来病变。

现实中人们做梦的种类以及梦中的场景都不尽相同,有充满欢乐气息的梦境、哀伤的梦境、让人心生恐惧的梦境,等等,这些梦或多或少地会给人们带来一定的影响。但无论是哪种影响,人们对梦似乎并不完全抵触,甚至将梦视为生命的美好记忆,这或许就是梦的魅力。也正因为如此,弗洛伊德才开始对这门让人感到神秘莫测的科学加以研究,帮助人们揭开梦的神秘面纱。

(资料来源:王保蘅.弗洛伊德心理分析术[M].凤凰出版社,2013:2.)

 学习活动

回忆你最近的梦境,尝试用弗洛伊德的释梦理论进行分析。

复习与思考

1. 弗洛伊德精神分析学说的两个核心概念是什么?
2. 霍妮与弗洛伊德最大的分歧是什么?
3. 简述埃里克森人格发展的八阶段理论。

第五章 认知发展理论

学习目标

1. 了解认知发展理论不同派别的代表人物和基本观点。
2. 理解学习和发展的关系,掌握儿童认知发展的特点和阶段。
3. 比较日内瓦学派与信息加工理论对于儿童认知发展的异同。

第一节 认知发展理论的背景及其代表人物

认知心理学是一门研究人如何知觉学习记忆和思考的学科。为什么人会记住一些事情,却忘却了其他的事情?人是如何学会语言的?为什么有时我们会忘记已经认识很多年的人的名字?为什么汽车的事故比飞机的事故多得多,但人们却害怕乘飞机而不害怕乘汽车?这些问题通常可以通过认知心理学对人的心理过程的分析而得到答案。

当代的认知心理学分为广义的和狭义的两种。在本书中,广义的心理学可以理解为皮亚杰的发生认识论,而狭义的认知心理学可以理解为信息加工的认知心理学,是用信息加工的观点来说明人的认知过程。信息加工认知心理学将人的认知过程暗喻为一台计算机,认知的加工过程便是信息的输入、编码和储存提取的过程。下面我们来介绍这两种认知理论的哲学背景。

一、皮亚杰认知理论的背景

（一）康德的批判哲学

德国哲学家康德的哲学试图将经验主义和理性主义这两个历来争论不休的哲学观点加以辩证综合,康德认为这两者在哲学史上各有其地位,在寻求真理的过程中应当携手,而不是进行无谓的争论。

康德哲学认为,人的认知能力有三个环节:感性、知性和理性。

1. 感性

感性是人认知能力的第一个环节。所谓感性包含了两个因素,一个是感觉,感觉能提供杂乱无章的、相互不联系的感觉材料，也就是我们通过五官能够接收到的，来自外在世界的各种信息，这些信息在经过大脑整合之前，都是片面的，有时甚至是凌乱无章的。例如，当一个苹果出现在我们面前的时候，视觉看到的是它的颜色和形状，嗅觉闻到的是它的香味，触觉感到的是它冰凉而光滑的果皮，但是这些信息各自作用于人的不同感官，如果没有经过综合，人是不能将这些分散的信息构成"这是一个苹果"的判断。感性的第二个因素是时间和空间，感觉得到的材料在整理和综合时必须辅之以时间和空间的感觉材料，才会具有一定的形状和位置。例如在我们面前出现的那个苹果，如果没有时间和空间信息的感知，我们甚至看不见、摸不着那个苹果。

2. 知性

人类认知能力的第二个环节是知性，就是我们运用已经获得的原则或者规则，对已有的经验进行评判。换言之，知性是一种思维能力，这种能力让我们整合通过感觉、时间和空间获得的那些杂乱无章的材料，然后辅之以我们已有的经验，最后对我们所感觉到的某个事物进行判断。在康德看来，时间也好，空间也好，都不是事物本身的特性，而是人类认识能力的主观特性，是一种先天能力。人们必须通过这些先天的能力，才能够产生主观的经验。正是由于这些形式是主观的，而我们对世界的认识正是将通过这些先天能力所获得的感觉材料进行整合而获得的，因此我们对世界的认识也是主观的。

3. 理性

理性是康德认为的人类具备的第三种认知能力，这种认识能力超越了经验和知性，是对于事物本质的一种认识。但是在我们试图达成对事物的本质认识的过程中，人们渐渐发现，人类对于事物的本质认识是有限的，永远达不到对客观世界的真正意义上的认知。例如，对"自由"这个概念的认知，在幼儿园的课堂中自由永远处于一种矛盾的状态中，课堂里的幼儿不可能享受绝对的自由，任何一种自由都会受到一定的约束。而且个体的自由往往和个体所处的集体规则是有矛盾冲突的。因此在幼儿园的课堂中，我们所谓的自由是在一定纪律保证下的自由，没有了纪律的约束，便无所谓自由。因此，自由和纪律这一对矛盾的统一体，永远是彼此纠缠着出现的。

康德的批判哲学，对皮亚杰的学说有着重要的影响，皮亚杰曾经说过："我把康德哲学的全部问题加以重新审查，从而形成了一门新的科学，这就是发生认识论。"康德认为，人认识的内容是客观的，而认识的形式是主观的，只有主客观相结合才能形成认识。皮亚杰则认为只有通过主客体的相互作用，才能使认识的形式与内容得以统一，活动是连接主客体的桥梁，是认知发展的最终源泉。从中我们不难看出皮亚杰的理论和康德的哲学之间深厚的渊源关系。

（二）辩证法

辩证法对皮亚杰理论的影响主要表现在以下两个方面：

第一，环境与遗传的交互作用是心理发展的动力。皮亚杰用辩证法的思维方式表达了关于心理发展动力的观点，他认为心理发展的动力，除了人们通常认为的成熟和经验，还有一个因素就是平衡化，所谓平衡化指的是一种调节成熟和环境之间相互作用的机制。由此可见，皮亚杰将人的心理发展视为在平衡化调节下的环境与遗传的交互作用,是一种辩证的发展观。

第二,在方法论上寻求辩证统一。古希腊哲学家柏拉图和亚里士多德关于理性主义和经验主义的争论,直接导致了理性主义方法和经验主义方法对科学研究的不同看法。作为理性主义的代表人物,柏拉图认为对不完美的、具体的物体和行为的观察会误导我们,使我们不能获得真理。与此相对应理性主义的研究方法认为,通往真理的道路就是逻辑分析。而以亚里士多德为代表的经验主义学者则认为,对外部的考察是达到真理的唯一途径,必须通过经验和观察中得来的实际证据来获取知识。由此可见,柏拉图的观点预示了理论发展中的理性运用,而亚里士多德的观点直接导致了心理学的实证研究。而皮亚杰在方法论上则认为,两者应该综合起来,可以依据理论来研究实证数据,但反过来又要用实证数据来修订理论,因为没有任何实际观察的理性主义理论是经不起检验的。而无数的观察数据如果缺乏一个理论框架,这些数据也仅仅只能成为数据,并不能成为理论。因此,皮亚杰的发生认识论在其方法上,除了寻求柏拉图式的理性主义的思考,在理论指导下获取数据,同时也运用了亚里士多德的方法,用实证的数据来修订理论,达到了方法论上的辩证统一。

二、信息加工理论的背景

在计算机科学中,信息加工是对收集来的信息进行一个由表及里的深层加工过程,在该过程中,原始的信息得以重新分析与整合,重新变成解决问题所需要的二次信息,使信息具有更强的针对性。信息加工心理学是将人类的思维加工过程比喻成计算机的信息加工过程,研究人的大脑是如何将外界零散的感觉信息进行编码与储存,并在需要的时候加以提取以解决实际问题的。以这样的视角来研究人的思维过程的心理学被称为信息加工心理学。

(一)心理学背景

每个流派的心理学都是建立在先前的观点之上的,认知心理学也不例外。对信息加工心理学而言,早期的格式塔心理学和联想主义心理学,都对其有着非同寻常的启示。

1. 格式塔心理学

格式塔心理学,又称完形心理学,是现代心理学的主要流派之一。格式塔心理学认为,如果要以一种最佳的方式来解释心理现象,就必须首先将心理现象看成是有组织的、有结构的整体,而不能把它们分解开来理解。"整体大于部分之和"是格式塔心理学的最鲜明的观点。例如,当我们要介绍一个孩子的时候,如果只是简单地将他的外貌、性别、姓名、兴趣等各个部分加起来,是不能确切地、完整地为他人呈现出这个孩子的全貌的。对这个孩子的描述中还必须有我们的经验,我们对他的内在的认定等。格式塔心理学比较著名的研究包括形状知觉的研究和学习中顿悟现象的研究,这些研究得出的理论为信息加工心理学提供了有益的启示。

2. 联想主义心理学

联想主义心理学研究的主要课题是事件和思想如何在思维中相互联系,从而达成某种形式的学习。例如当我们要记忆某些材料时，当这些材料间具有相似性，这种相似性对学习的影响如何？19世纪晚期的联想主义心理学家艾宾浩斯（Ebbinghaus，1850—1909）是第一位系统地应用联想原则来进行心理学实验的学者，艾宾浩斯研究了人们如何利用复述，即有意识地重复要学习的材料，来进行学习与记忆的。他的研究显示，频繁的重复可以使记忆中的联系更为牢固。另一个有重要影响的联想主义心理学家是桑代克（E. L. Thorndike，1874—1949），他通过猫逃出笼子的实验证明，"满意"是形成联想的关键，猫在学习过程中，一旦它能正确打开笼子，便获得满意的奖赏，那么它就会将开笼子的行为和满意所带来的愉悦形成联想，从而提高学习的积极性。

格式塔心理学和联想主义心理学研究的都是学习过程中的规律，这些研究成果为认知主义心理学提供了理论基础。

（二）人工智能

1956年，一个新词汇进入人们的视野中——人工智能（artificial intelligence，AI）。所谓人工智能是指人们试图建构能够展示智能，尤其是信息的智能处理的系统。人工智能的兴起主要是源于技术的进步，尤其是工程技术与计算机的使用。早期的人工智能开发者着眼于解决如何更有效地处理各种信息，为此他们编制了许多模拟人类解决问题的程序，其中最出名的要属"深蓝"程序。20世纪70年代，人们热衷于使用国际象棋程序来展现机器的"智力"。1997年，"深蓝"程序打败了当时的世界国际象棋冠军苏联的卡斯帕罗夫，引起一时的轰动。但是，人工智能的研究人员很快发现了计算机模拟中的两个特征：第一，许多计算机很容易做到的事情，人很难做到，例如快速计算复杂的计算题；第二，许多人很容易做到的事情，计算机很难做到，例如，识别一位朋友面部所表现出的情绪。这些问题促使人工智能研究者开始更加关注这样一个问题：人是如何思维的？这个问题的提出有力地促进了认知心理学的发展，因为认知心理学被界定为一门研究人是如何学习构造、储存并使用信息的学科。

三、代表人物

（一）皮亚杰

皮亚杰（Jane Piaget，1896—1980），日内瓦学派创始人，儿童心理学家、认知心理学家。

1896年8月9日，皮亚杰出生于瑞士的纳沙特尔，是家中的长子。父亲亚瑟·皮亚杰是一位大学教授，主要研究中世纪的历史与文学，他追求事实的态度影响了皮亚杰，使得皮亚杰重视以科学的系统性来求知。母亲丽贝卡·杰克逊则是一位虔诚的宗教徒，她坚持让皮亚杰接受严格的宗教训练，并且为皮亚杰选择了一位对哲学颇有研究的教父。这样的家庭背景，使得皮亚杰有机会接触并思考有关哲学和科学的知识，进而发展出一套属于他

自己的独到的思想见解。

1907年，皮亚杰在公园发现一只患有白化病的小麻雀，经过仔细的观察和分析，小小年纪的他随即写了一篇论文，并寄给纳沙特尔自然科学史杂志《冷杉树》，一经刊登便令人惊叹。这事传到纳沙特尔自然博物馆的馆长那儿，他对皮亚杰赞誉有加，立刻邀请皮亚杰作他的小助手，一同搜集标本，同时聘请他参与研究软体动物。要知道，这可是小皮亚杰梦寐以求的工作呢！几年下来，皮亚杰便能独立工作，发表了更多的论文。一次，皮亚杰发表了一篇文章，对门德尔的进化论提出质疑。人们好奇是谁写出这么富有挑战性的文字，结果令人意外，文章居然是出自一位名叫皮亚杰的中学生。此事甚至惊动了欧洲动物学界。

19岁时，皮亚杰完成了动物学博士论文。次年，他放弃生物学，转而研究心理学。他来到苏黎世的一个心理实验室，这里的工作使他获得了丰富的实验心理学知识。他接触到临床精神医学，并聆听了精神分析学家荣格的课，有空便研读弗洛伊德的文章。当时，皮亚杰以精神分析理论写了一篇关于"儿童的梦"的文章。据说就连弗洛伊德本人都对这位年轻的后辈关注颇多。

1919年，皮亚杰在巴黎大学研修心理病理学及科学哲学，而后在1921年进入比奈实验室成为西蒙（Theophile Simon）的助手，负责在一所小学运用"推理测验"测量巴黎儿童，将已有的英文版问卷译为法文，并进行标准化。皮亚杰回忆道："这项测试，从它的逻辑结构来说相当不错。可是，我却对小孩的推理方法、小孩所面临的困难、易犯的错误和原因，以及小孩为求得正确答案所尝试的方法等产生了很大的兴趣。从那时起，我研究的方向便一直朝着定性的分析去了解事物，而不用统计定量的方法，到今天都一直是这样。"

1921年皮亚杰应日内瓦大学克拉巴莱德的邀请，从巴黎回到日内瓦，任日内瓦大学卢梭所研究部主任，从此开始创立自己的"发生认识论"体系。1940年继任所长。在此期间，皮亚杰和妻子瓦朗蒂纳·夏特内结婚，并育有两女一子。在妻子的协助下，皮亚杰得以细致地观察儿童的动作并进行各种实验，这为他创立儿童心理发展理论提供了重要基础。

1929年—1967年，皮亚杰任国际教育局局长。1933年—1971年任日内瓦教育科学院副院长。1952年—1964年皮亚杰任巴黎大学发生心理学教授。1954年任第14届国际心理学会主席。1955年，皮亚杰创建了日内瓦大学"国际发生认识论研究中心"并担任中心主任，进行跨国、跨学科的研究。

1968年，美国心理学会授予皮亚杰"卓越科学贡献奖"，堪比心理学界的诺贝尔奖。1971年皮亚杰退休，回到瑞士的山上静养，但是他并没有放弃研究工作。同年，皮亚杰被日内瓦大学聘为荣誉教授。1972年，荣获荷兰伊拉斯姆士奖。1977年，国际心理学会授予皮亚杰"爱德华·李·桑代克"奖，这是心理学界的最高荣誉。

1980年，皮亚杰在瑞士去世，享年84岁。他一生探索不止，游历讲学于各国，留给后人60多本专著、500多篇论文，获得几十个名誉博士、荣誉教授和荣誉科学院士的称号，国际学术界推崇皮亚杰为20世纪最有影响力的发展理论学者。

（二）加涅

罗伯特·米尔斯·加涅（Robert M. Gagne，1916—2002）是美国教育心理学家，致力于学习理论和教学设计的研究。

1916年，加涅出生于美国马萨诸塞州的北安多弗。从中学时代起，加涅就对心理学产生了浓厚的兴趣，立志将来做一名心理学家。1933年，加涅顺利进入耶鲁大学，主修心理学。1937年，他进入布朗大学，攻读实验心理学。1940年，加涅已经获得了布朗大学的理科硕士学位和哲学博士学位。同年，加涅进入康涅狄格女子大学任教，研究人的学习，中途受资金短缺和服役的影响中断了。1958年，他在普林斯顿大学担任心理学教授，并重新开始研究人类学习的问题。1962年—1965年，加涅在美国科研工作协会担任研究主任，同时担任加利福尼亚大学伯克利分校的教育心理学教授。1969年起，他担任了佛罗里达州立大学教育系的教授。

加涅著述多达120多种，被誉为"学习和操作研究领域"和"学习分类和促进学习手段方面"的权威。他着重运用认知心理学的理论观点，特别是信息加工模式来解释人类的学习活动，并深入探究学生的认知结构、学习的本质等问题，形成了他的教育心理学思想。

1974年，加涅荣获"桑代克教育心理学奖"。1982年，他获得美国心理学会颁发的"应用心理学杰出科学奖"，获奖通报上如是说："加涅在人类学习领域做出了出色的、有重大影响的工作。他的独特才华在于能如鱼得水地活跃在研究和开发两个领域，并对这两个领域都作出了贡献。"

第二节 认知发展理论的基本观点

认知（cognition）涉及知识的获得、加工、组织和应用等一系列复杂的心理活动。广义上，认知指人的认识活动，包括注意、知觉、记忆、推理、演绎等；狭义上，认知是思维或记忆，以及问题解决的能力。

心理学家通过研究儿童的认知发展，从而描述儿童认知能力和年龄的关系，并力图揭示儿童认知变化的发生机制和影响因素。

一、日内瓦学派的儿童认知发展理论

（一）认知的结构

皮亚杰的理论中，认知、认识、思维、智慧都是同义词。本章在阐述时统一用"认知"一词以便论述。

唯心论者认为，认知来源于遗传，是先天的。经验论者认为，认知来源于环境，来自对客体的知觉，是对客体的抽象认识。以上两种论者的观点都过于绝对，皮亚杰提出了不同的观点。他认为，认知是主客体相互作用的结果，这就奠定了皮亚杰理论的"相互作用论"的基调。他强调生物体不仅依赖环境，也要对环境作出积极的反应和回答，换言之，主体只有作用于客体才能认识客体，认识客体要求客体和主体的活动之间进行不可分割的相互作用。认知的结构是在认知过程中发生的动作和概念的组织。也就是说，组织的内容是动作的或概念的，组织的结果是结构。组织的最基本单元是格式（scheme）。"格式"和"图式"常被人们混淆。格式代表着一种动作中可以重复和泛化的东西。图式（schemata）是一种简单化了的意象。如一个城市的地图是图式，从这个城市的一头到另一头去可以坐公交，这是格式。最初的格式来自无条件反射，例如婴儿的吸吮格式、抓握格式。

皮亚杰认为，认知起源于动作，核心是运算结构的获得。儿童认知发展要经历从动作到运算的过程。用皮亚杰自己的话说，"运动乃是动作之继续"，首先在外显行为的部分之间开始协调，然后这些调节逐渐深刻到足以使动作越来越内化，最后它们便呈现转换的、可逆的运算结构的形式。简单说来，运算是内化的可逆的动作。

（二）认知的机制

皮亚杰认为，儿童在主动调整和建构的过程中认识外部世界，认知机制的关键是"适应"。适应包括两个过程：同化和顺应。刺激输入的过滤或改变叫"同化"，即当已有经验高于新的经验，我们能将新知识组织到旧知识中去。改变内部格式以适应现实叫"顺应"，即当旧知识无法接受新知识时，通过调整、更新以接受新知识，此时认知发生了质的变化。例如，妈妈给孩子一颗甜甜的糖果，这是孩子第一次吃到糖，他获得的直接经验是"糖果是甜的"。有一天，他吃到一颗柠檬糖，以为是甜的，结果发现竟然是酸的。这时，他便获得了新的认知经验，糖果有甜也有酸。以后当这个孩子吃到酸酸的话梅糖时也不会觉得奇怪了。

同化和顺应相辅相成，当二者稳定均衡时能最有效地适应世界。我们称之为"平衡"状态。认知的机制就是同化和顺应不断从低级的平衡向高级的平衡发展的过程。

（三）儿童认知发展阶段

在儿童认知发展是量变还是质变的问题上，皮亚杰毫不犹豫地给出了发展是质变的答案。他认为，儿童的认知结构会随着年龄的增长而变化，这体现了认知发展的阶段性。而儿童认知发展阶段具有如下三个特点：第一，阶段出现的先后次序是固定不变的，不能超越，更不能颠倒；第二，每个阶段都有其独特的认知结构，每一种认知结构都相对稳定，正因为如此，在每个阶段内，儿童的行为都有相似的特征；第三，认知结构的发展是一个连续的过程，每一个阶段都是前面阶段的延伸，是对前面阶段进行改组而形成的新系统。前面阶段是后面阶段的先决条件。

皮亚杰的理论里将儿童认知发展分为四个阶段：感知运动阶段、前运算阶段、具体运算阶段、形式运算阶段。

1. 感知运动阶段（0—2岁）

从出生至2岁左右的儿童处于感知运动阶段，这一阶段最重要的特征是儿童开始具有动作的智慧，即儿童形成了动作格式（schemes）的认知结构。感知运动阶段还能细分为六个分阶段。

第一分阶段（出生至1个月）：反射练习期

初生的婴儿就具备无条件反射以适应陌生的世界，新生儿的先天反射包括吸吮反射、巴宾斯基反射等，反射是儿童未来发展的基石。在第一分阶段，新生儿一方面通过反射练习，使先天的反射结构更加巩固，另一方面，通过不断地练习，还扩展了原先的反射。例如，将吸吮反射的动作扩展到吸吮拇指、玩具以及一切能够在嘴边接触到的物品，这个时期被称为反射练习期。

第二分阶段（1个月至4个月左右）：习惯动作期

很快，在先天反射的基础上，新生儿开始把个别的动作连接起来，形成了一些新的习惯动作，例如用眼睛追随正在离开房间的母亲。这种新的习惯动作，称之为格式，婴儿开始通过格式来了解世界。一个格式包含了一系列的技能以及灵活的动作模式。随着儿童的发展，格式趋于精细，最初相互独立的格式开始相互协调。此阶段的重要特征就是婴儿开始显示出对外部世界的明显兴趣，格式则由对自己身体的探索开始转变为对周围环境的探索。

第三分阶段（4个月左右至9个月）：有目的动作形成期

到4个月左右，新生儿开始形成程序，虽然有时会应用不当，例如抓握物品却从手中滑落，但是在一次次的尝试中，有目的的动作已经初步形成了。一旦新生儿的动作带有目的性，就可认为出现了带有智慧的动作。但是皮亚杰认为，在此阶段，新生儿仍处于向智慧动作发展的过渡时期，一直要到第四分阶段，才会出现真正的智慧动作，因此，该阶段也被称为有目的的动作的初步形成时期。

第四分阶段（9个月至12个月）：手段与目的分化协调期

9个月后，婴儿将第一次展现出意向性行为。目的与手段分化，真正出现智慧动作。皮亚杰将意向性行为视为婴儿智力发展的里程碑。所谓意向性行为是指儿童为了达成一个目的而采取的行为，即能够区分手段与目的的行为。意向性行为是真正意义上的智慧行为。例如婴儿通过抓桌布，使得桌子远处的玩具随着桌布移动到自己的眼前。这个抓桌布的动作在婴儿7个月大的时候也会出现，但是那个时候婴儿并不是要将玩具拉到眼前而进行这个动作，而只是纯粹地练习动作格式——手眼协调地抓，然后拉动。婴儿并不能预见到玩具会随着桌布一点点靠近自己。经过多次练习后，慢慢地婴儿开始知道这个动作格式所能带来的后果。如果婴儿是为了获得桌子角上自己够不着的玩具而故意拉桌布的，那么这个行为就是意向性行为。

意向性行为的出现，表明婴儿能够运用不同的动作格式来应对遇到的事物，就像以后能运用概念来了解事物一样，用抓、推、敲、咬等多种动作来认识事物。不过这个阶段的婴儿只会运用已经有的动作方式,还不会创造,或者发现新的动作格式。

第五分阶段(1—1.5岁):进一步分化协调

1岁的幼儿对世界的好奇心和探索欲更强,并能通过重复动作和调整动作来解决问题,甚至能有目的地将行为分门别类,目的与手段进一步分化协调,进而发展出新的格式以达成新的效果。通过观察不难发现,这个阶段的幼儿很喜欢重复各种各样的动作,例如不停地将娃娃扔到地上。但是这种重复不完全是一样的,而是在重复中做出了一些改变,通过尝试错误,有目的地通过调解来解决新问题。但是处于这一分阶段的幼儿还没有形成按照一定的方向和目的去发现新方法的能力,新方法的发现往往只是尝试中的偶然。

第六分阶段(1.5—2岁):心理表征

1岁半到2岁时,幼儿进入符号表征期,幼儿第一次开始能够使用符号在头脑中"勾画"并作用于外部世界,能在头脑中用"内部联合"的方式解决新问题,而不是仅依靠外部动作来对外部世界进行操作。这个阶段是感知运动阶段的结束,前运算阶段的开始。皮亚杰曾经观察了处于第六分阶段的女儿。有一次他给了女儿一个空的牛奶盒,里面放了小石头,女儿通过感觉重量、摇晃牛奶盒发现里面有东西,她先是通过牛奶盒上部开的小口往里看,发现了小石子。然后她将牛奶盒倒过来,想把小石头倒出来,没有成功。她又用小手伸进牛奶盒里试图将石头抠出来,但是也没有够到。最后女儿眼睛看着牛奶盒,停止了所有动作,小嘴巴一张一合,反复了好多次。突然,她用小手将已经开了小口的牛奶盒口拉开,终于拿到了小石头。皮亚杰认为幼儿嘴巴一张一合的动作是在模仿盒子口张开的样子,此时的幼儿的表征能力很差,不能在头脑中想象盒子口张开的情况,只能借助外部的动作来表示。但是无论如何,在此阶段幼儿开始具有表征能力了,这标志着感知运动阶段的结束,以及新阶段的来临。

按照皮亚杰的理论,在感知运动阶段的儿童获得的最大成就就是客体永久性的形成,皮亚杰将其称为"哥白尼式的革命"。

最初,婴儿无法分清自己和客体,并且认为只有看得见的东西才是存在的,而当眼前的物体因被遮蔽无法看见时,婴儿便以为物体不再存在了(如图5-1)。随着婴儿认知的发展,婴儿开始具有脱离对物体的感知而仍然相信该物体存在的意识。如图5-2,当眼前的物体被布遮挡,婴儿会爬过布帘去寻找物体。此时,婴儿已经建立了"客体永久性",完成了"哥白尼式的革命"。客体永久性的建立表现在三个方面:第一,已经能够形成稳定的

图 5-1　客体永久性实验(1)

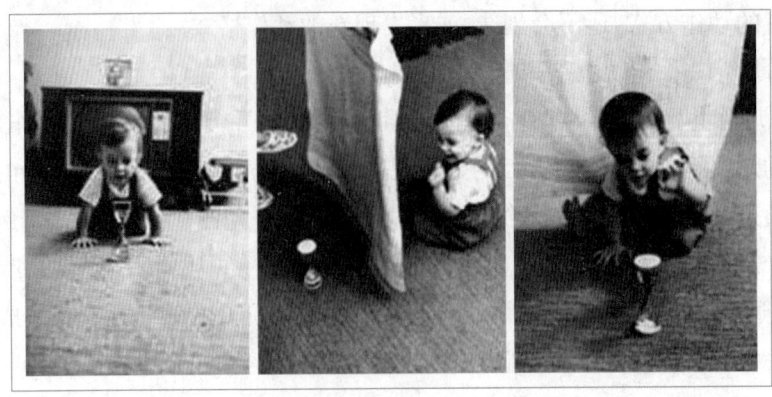

图 5-2　客体永久性实验（2）

客体认知格式，即使物体在婴儿的视野中消失，他也能够在消失的地方去寻找这个物体；第二，婴儿对空间、时间的组织达到了一定的水平，即便物体发生了一定的位移，婴儿也能够按照时间线索，沿着物体移动的路线进行追踪，从而对消失的物体进行定位；第三是对因果关系认识的萌芽，皮亚杰认为婴儿最初对于因果关系的认识，产生于对自己动作与动作结果之间的认识，即动作与动作带来的结果之间哪个是因、哪个是果的认知。例如，婴儿用手拉动面前的桌布拿到放在桌子上的玩具，通过这个动作系列，婴儿便能够认识到结果是拿到玩具，而用手拉动桌布是使结果产生的原因。应该说，在感知运动阶段的前三个分阶段，婴儿尚未形成客体永久性，而在后三个分阶段，幼儿的客体永久性逐渐发展起来。

2. 前运算阶段（2—7岁左右）

与感知运动阶段相比，前运算阶段的思维有了质的飞跃。前一阶段的婴幼儿只能对当时知觉到的事物施以实际的动作来进行思维，而在前运算阶段的儿童，由于象征功能的出现，思维开始从具体动作中摆脱出来，能够在头脑里进行表象性思维。因此前运算思维的发展标志是延迟模仿和象征功能。当这两个功能出现时，便可判定幼儿进入到前运算阶段。前运算阶段儿童的思维具有如下六个特征。

（1）象征功能

感知运动时期的儿童只能对当前知觉到的事物进行思维，而当进入前运算阶段时，儿童的认知不再囿于具体动作。在此阶段，儿童出现了象征性功能，即能将一个事物作为一种符号来代表另一个事物。

儿童象征性游戏的产生是象征思维开始的标志。例如，儿童玩医生和病人的游戏，把彩笔当作针筒，把纸巾当作纱布，这个便是象征性功能的体现。再如，当幼儿在搭积木的时候，我们常常可以观察到幼儿一会儿将一块长条积木当作凳子，一会儿将同样的一块积木当作电话，这个也是象征功能的体现。

（2）思维的单维性

儿童易把事物的附属属性当成本质，不能准确地认识一个事物的本质属性。这个时期的儿童的思维是单维性的,一次只能关注问题的一个方面。

皮亚杰曾经做过如下的实验来证明前运算时期儿童思维的单维性。他给4岁的幼儿两个同样大小、同样形状的杯子1和2,当着幼儿的面同时用双手分别向两个杯子中放入同等数量的弹珠,每次分别放一颗,这样幼儿就知道这两个杯子里装的弹珠是一样多的。然后,主试将1号杯子中的弹珠当着幼儿的面,一颗不少地倒入另外一个又细又长的杯子3中,然后问幼儿2号和3号两个杯子中的弹珠是否一样多。一部分参与实验的幼儿回答2号杯子中的弹珠多,而另外一部分幼儿则说3号杯子中的弹珠比2号杯子中的多。为什么会出现两种截然不同的答案呢?皮亚杰认为前一部分的幼儿只关注到2号杯子中弹珠分布呈现出的宽度超过了3号杯子;而另一部分则只是看到了3号杯子中的弹珠堆得比2号杯子中的高。这两部分幼儿都只是注意到事物变化的一个维度,不能同时注意到事物变化的两个维度。

(3)思维的不可逆性

所谓思维的不可逆性是儿童不能在心理上反向思考他们见到的行为,不能回想起事物变化前的样子。皮亚杰认为正是由于前运算阶段儿童思维的单维化使得他们的思维是不可逆的。例如,当告诉幼儿"某某是你的爸爸",然后提问幼儿是某某的什么,此时,儿童往往不会回答说自己是某某的孩子,这就是思维的不可逆性的体现。

(4)传导性推理

此外,处于前运算阶段的儿童的推理也常常是不合逻辑的,有传导性推理的特征,或者按照皮亚杰的说法是"滥绎",即既非演绎推理又非归纳推理,只是从一个特定事物到另一个特定事物,没有考虑到事物间联系的普遍规律,是一种没有逻辑的推理。例如孩子问妈妈:"妈妈,桌子有没有腿?"妈妈说:"当然有啊,不然怎么立着呢。"孩子问:"那它怎么不走呢?"在孩子的认知里,腿能站也能走,那么桌子如果有腿也能站也能走了。这显然是不符合常理的。

皮亚杰记录了他女儿的一段轶事来说明处于前运算阶段的儿童推理的不符合逻辑性。当年,皮亚杰上幼儿园的女儿有一个同学是驼背,一天女儿放学回家,很悲伤地对皮亚杰说她那个驼背的同学生病了,今天没有去上幼儿园。皮亚杰记录下女儿的话。又过了几天,女儿从幼儿园回家后很高兴地说那个驼背的同学又去上幼儿园了,因为他的病已经好了,他的驼背也好了。皮亚杰分析到,他女儿的这段话不符合逻辑,她只是由病联想到那个同学驼背,病好了,驼背也是病,所以驼背也好了。

(5)泛灵论

皮亚杰认为,前运算阶段的儿童处于主观世界与客观宇宙尚未分化的混沌状态,缺乏必要的知识,对事物之间的物理和逻辑因果关系一无所知,所以思维常是泛灵论的,存在将没有生命的物体赋予生命本质的倾向。例如,儿童和小狗、布娃娃讲话、做游戏,睡觉前觉得旁边的大衣柜正在看着自己,这都是泛灵论的体现。许多经典的儿童故事和绘本利用儿童泛灵论的特征进行创作,深受儿童喜爱。

案例 5-1

儿童故事《小象要回家》

元元在幼儿园里最喜欢玩具小象了。瞧，小象耳朵大大的，鼻子长长的，身子圆圆的，多有趣啊！

有一天，元元和小象玩得正起劲，老师说："快放学了，该收拾玩具了。"小象一听，连忙跟在大象妈妈后面，向玩具橱跑去。元元一把抓住小象的尾巴，把小象拖到身边，对着小象的耳朵悄悄地说："小象，小象，上我家玩儿去！"说完，就把小象塞进胸前的大口袋。

元元把小象带回家，高兴地拉着小象又唱又跳。可是小象低着头，拖下了长鼻子，一声也不响。玩了一会儿，元元打了个大哈欠，想睡觉了。元元抱着小象，钻进了被窝。谁知道小象怎么也不肯睡，一面哭，一面嚷嚷："我要回家！我要妈妈！"元元连忙哄小象："不要吵，不要闹，我当你的妈妈好不好？""你不是我的妈妈。妈妈来呀！我要回家！"小象嚷着就往外面跑。元元着急了，扑过去一把抓住小象的长鼻子说："你是玩具你怎么会有家呢？"小象说："我有家！我有家！我的家在幼儿园的玩具橱里。妈妈跟小伙伴们找不到我，要急死了。明天小朋友们还等着和我玩呢！"

元元一听，连忙拿了望远镜，爬到长颈鹿的脖子上，朝着幼儿园一看。啊！幼儿园里乱哄哄的，小汽车瞪大眼睛，把屋子照得很亮很亮。小鹿啊，小猴啊，还有小兔、小狗、小猫和布娃娃，他们跑来跑去，跳上跳下，正在找小象。大象妈妈哭得真伤心："小象，你在哪里？孩子，快回家吧！"

元元看见了，心里真难受，他连忙跳下来，抱起小象，亲亲它的大耳朵，说："对不起，小象，我再也不把你带回家来了。我马上送你回幼儿园去。"小象甩了甩鼻子，眼睛笑成了一条缝。

元元抱着小象，骑着长颈鹿，来到了幼儿园。玩具橱里的小伙伴，看见小象回来了，都乐得乱蹦乱跳。大象妈妈搂着小象，亲了又亲。元元也笑了，心里真高兴。

案例分析：

故事里的元元就是幼儿园孩子的缩影，幼儿在听故事时感同身受，也体会了小象的伤心与快乐，知道幼儿园的玩具不能带回家，不是自己的东西不能拿。

（资料来源：选自故事网 www.5068.com）

（6）自我中心

由于前运算阶段儿童的心理表征与直接知觉到的事物的形象联系十分密切，活动缺乏协调，主客体没有分化，因而形成了这一时期思维的另一个特点——自我中心。

"三山实验"是皮亚杰设计的经典实验，旨在证明儿童存在自我中心状态。实验布置了高低、形状、颜色各不相同的三座山的模型，邀请儿童分别从各个角度仔细观察。观察结束后将布娃娃放在山的某一边，而后出示不同角度的山景

图5-3 三山实验

照片，询问儿童娃娃看到的山是什么样子的。结果发现，不管布娃娃在山的哪一边，7岁以下的儿童指认的山景照片几乎都是根据自己的角度看到的景象选的，而非布娃娃的角度所见。由此，皮亚杰得出结论，7岁以下的儿童在认知能力上是倾向自我中心化的。他指出，儿童往往只注意主观的观点，忽略客观事物，也不能将自己的观点与别人的观点相协调。

发现自我中心主义是皮亚杰在儿童心理学上的第一个巨大成就，这使他作为一个学者而誉满全球。

拓展材料

儿童认知中的自我中心和去自我中心

皮亚杰几十年研究的主要成就就是发现儿童不同于成人。儿童思维的核心特点是自我中心，所谓自我中心是指儿童把注意力集中在自己的观点和自己的动作上的现象。这种自我中心不仅表现在儿童的言语、表象和逻辑中，而且在儿童的外部行为中也比比皆是。皮亚杰指出，在一定的发展阶段中，儿童在大多数场合下都认为对象就是直接知觉的那个样子，而不懂得从事物的内部关系中来观察事物。例如，儿童认为月亮在跟着他走，只要他不走，月亮也就不走了。这种泛灵论的现象，皮亚杰称之为"实在主义"。正是这种所谓的实在主义妨碍了儿童，使他们混淆了自我和客体之间的界限，不能摆脱自己主观感受的束缚，不善于从事物内部的相互联系中去认识事物，因而把注意力仅仅集中在自己的观念和动作上，导致儿童把个人瞬间的感知当作绝对的真理。把主观感觉当作了现实，这正是皮亚杰把它取名为实在主义的缘故吧……

体现儿童自我中心的实在主义不仅表现在智力活动中，也表现在儿童的道德认识中。由于儿童在认识和情感上都处于心理的劣势，那么对成人（主要是对父母）形成了单方面的尊敬。这种由爱和怕所构成的单方面的尊敬，表现在儿童处理与成人关系时形成的服从，服从是儿童责任感的源泉。皮亚杰说："儿童的第一个道德感是服从，而所谓善的另一个标准长期以来就是父母的意志。"……因此，皮亚杰把这时的儿童道德认知称为是他律为主要特征的阶段。所谓他律是指儿童

的道德判断受他自身以外的价值标准所支配。在对待游戏规则的态度上，幼儿并不能全部掌握它们，但他们把规则看作是神圣不可违背的，因为规则是成年人制定的。

认识上的自我中心不仅发生在幼儿期，事实上它可以发生在任何一个发展阶段，因此，从自我中心状态向解除自我中心的过渡是认识在任何发展水平上的特征。这个过程的普遍性和必然性，皮亚杰把它称为发展规律。从出生到青少年的智力发展中，儿童从三个不同水平上解除自我中心，第一次是在出生到2岁之间，儿童从完全分不清主体和客体的混沌状态发展到能理解世界是由客体组成的，而他本人也是一个在时间和空间上客观存在的人。第二次自我中心表现在前运算阶段，儿童分不清自己的观点与其他人观点之间的差别，快到七八岁时，由于去自我中心化的结果，儿童得以理解物体之间的客观关系，并且在人们之间建立合作关系。第三次自我中心出现在11—14岁，少年儿童认为自己的思维能力是无限的，沉湎于无休止的脱离现实的"改造社会"的议论之中，这个时期的去中心化使儿童从抽象地改造社会转变为实际的活动家，开始严肃和切合实际地考虑实际职业和工作，产生了一种成人感。

对于一个具体的人来讲，解除自我中心并不是必然的、必胜的。在一些心理发展水平低下的人身上，自我中心状态会纠缠终生，表现为认识上的主观臆断，行为上的为所欲为，作风上的独行其是，情绪上的喜怒无常和人格上的虚浮狷狭等心理特征，这些都是自我中心状态的反映。社会生活中常见的角色错位现象，也是自我中心的范例。……不实行去中心化，是很难在社会上生活中准确定位的。正如皮亚杰所说："一个人自己的思路越是前进一步，他就越能从别人的观点看待事物，越能使他自己为别人理解。"任何一个希望成功的人，如果不能解除自我中心，就不可能达到自我实现的最高境界。

（资料来源：王振宇.儿童心理发展理论[M].
华东师范大学出版社，2011：166—169.）

3. 具体运算阶段（7—11岁左右）

到了具体运算阶段，儿童的认知结构中已经具有了抽象概念，能够从多维度归类事物，并能进行具体逻辑推理。

具体运算阶段的标志之一是守恒。守恒是指物体在外观改变的情况下，它的某些特性，如数量、质量、体积保持不变。当儿童开始能够正确地解决守恒问题时，儿童就进入到具体运算阶段，对此，皮亚杰设计了一系列的实验来探究儿童守恒观念的形成。图5-4是关于数目守恒的实验。将相同数量的珠子排成相同的两排，然后移动其中一排珠子将间隔拉大，询问儿童："哪排珠子多？"这个问题或许会让三四岁的儿童感到困惑，但是7岁以后的儿童几乎都能斩钉截铁地告诉实验者"一样多"。儿童实现了思维的转化，获得了最初的守恒概念。在皮亚杰设计的一系列守恒实验中，最著名的要属体积守恒实验(如图5-5)。实验者当着儿童的面向两个完全相同的杯子A和B中注入相同高度的水，和儿童确认两个杯子的水一样多后，实验者将A杯中的水倒入另一个又高又细的C杯中，请儿童回答B杯和C杯的水是否一样多。如果儿童回答一样多，说明儿童已形成了体积守恒观念。

图5-4 数目守恒实验

皮亚杰指出，在守恒观念的发展中有三个阶段。首先，个体只能注意事物某一方面的特征，因而仅能以该特征作为标准进行判断。其次，个体能注意到事物不同方面的特征，并随机以不同的特征进行反应。最后，个体能同时兼顾事物各方面的特征，综合各方面的特征作为判断标准。此时，可以说儿童建立了守恒观念。皮亚杰发现守恒观念的发展存在不平衡性，各守恒观念的形成有一定的先后顺序。儿童最先建立的是数目守恒，然后是质量守恒和长度守恒，接下来是面积守恒，体积守恒的建立相对较晚，大多要到形式运算阶段才会建立。

图5-5 体积守恒实验

案例5-2

幼儿具备的初步数量守恒能力特点

故事一：

妈妈见4岁的贝贝在吃蚕豆，于是拿出4颗蚕豆，摆成正方形状，问："贝贝，这里有几颗蚕豆？"贝贝看了一眼，脱口而出："4颗！"妈妈夸奖道："真棒！"妈妈又拿出了5颗蚕豆，在桌上摆成花朵状，问："这是几颗呢？""5颗！"贝贝一口报出了蚕豆的数量。

  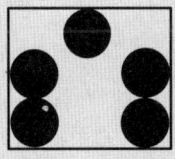 

图5-6 蚕豆卡

妈妈把拿出的5颗蚕豆,摆成了小山状,问道:"那这是几颗呢?"贝贝看了又看,说:"不知道!"妈妈把小山状的5颗豆子调整成了花朵状,继续引导着:"看,是几颗啊?""5颗!"贝贝想都不想答道。

当着贝贝的面,妈妈把蚕豆摆成刚刚的小山状,说:"刚才是5颗,现在是几颗呢?"贝贝看看,摇摇头说:"不知道!"妈妈不相信会有这样的结果,于是把5颗蚕豆又摆成了如图倒"凹"字的样子,问:"这个是几颗呢?"贝贝一脸疑惑地说:"4颗!?"妈妈十分郁闷。

故事二:

中二班正在开展数学活动"一群又一群——7以内数量排序"。评价环节,老师取出6张兔群卡,将它们按照1只兔子、2只兔子、3只兔子、4只兔子、5只兔子、7只兔子的顺序排在黑板上,又取出排列形式不同、数量均为6的兔群卡(如图5-7)放在黑板一边问:"看看,兔子们都按顺序排好队了,它们排得对吗?"小朋友齐声说:"不对!""怎么不对呢?"老师问。D幼儿着急地说:"7只兔子不能排在5只兔子的后面。"老师说:"那5只兔子后面应该放几只兔子呢?""6只。""那谁能试一试把兔群卡找到排好呢?"D幼儿高高举起了手,老师请他上来。他从兔群卡中找出了排列上面3只兔子、下面3只兔子、数量为6的兔群卡,把它排在了5只兔群卡的后面,老师问大家:"D小朋友排的对吗?""对了!"

老师又指着剩下的兔群卡说:"除了这张能排在5只兔群卡的后面,这里还有哪张也能放在它的后面呢?"大家看了又看,找了又找,没有人说话,老师说:"有吗?"小朋友们都纷纷摇头。老师拿出排列成小山状的6的兔群卡问:"这张能放在5的兔群卡后面吗?"刚才没了声音的D幼儿,又活跃起来:"能,这也是6只兔子!"

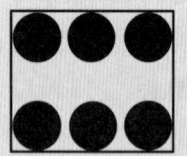 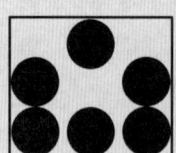 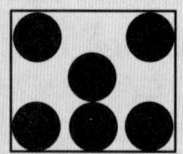

图5-7 兔群卡

通过以上案例,我们可以发现:幼儿的数量守恒观念与他们对物体数目的抽象能力的发展有着密切的关系。当幼儿还需要借助物体的外部特征,如大小、形状、颜色、排列形式才能判断两组物体是否一样时,就不可能达到数量守恒。中小班幼儿的抽象思维和逻辑思维发展还不够完善，到有一天他们能够不再受事物外部特征和各种表现方式的"欺骗"，而对数的不变性保持"觉醒"时，才是他们真正获得数量守恒观念的时刻。但这样的结果并不是说，在小中班阶段不必帮助幼儿获得数量守恒的观念。数量守恒观念的获得标志着儿童数概念的发展水平，也是思维过程结果的一种表现，幼儿必须具备数量守恒观念，才可能真正理解数的意义。

（资料来源：金翠萍. 幼儿初步"数量守恒"观念形成初探［J］. 小学科学〈教师版〉，2017，4〈2〉：188.）

具体运算阶段的另一个关键标志是运算操作。运算是皮亚杰用来描述较大年龄儿童解决问题和逻辑推理过程中不同心理操作形式的术语。例如，假定 A > B、B > C，问 A 与 C 哪个大。部分儿童能得出 A > C 的结论。若换种说法，将 A、B、C 换成人名，大多数儿童也都能回答出来。这说明该阶段的儿童能进行具体的逻辑推理，思维具有可递性。

另外，这个阶段的儿童思维更少以自我为中心。皮亚杰认为，任何一次自我中心的解除，必须有两个条件：第一，意识到自我是主体，并把主体与客体区别开来；第二，把自己的观点与他人的观点协调起来，而不是把自己的观点当作绝对真理。该阶段的儿童更能够进行观点采择，即推断别人内部思想、情感活动的能力。观点采择的本质特征在于个体认识上的去自我中心化，即能够站在他人的角度看待问题。

4. 形式运算阶段（11—14岁后）

具体运算阶段的儿童不能进行抽象的辩证逻辑推理，他们的逻辑推理需要借助具体形象的支持。而处于形式运算阶段的儿童的思维既符合逻辑又具抽象性，他们不仅能从逻辑上考虑现实的情境，而且能够考虑假设的情境。

形式运算阶段又称为命题运算阶段。这一阶段，儿童的思维结构出现了新的变化，具体运算之间又产生新的协调，产生了四元群结构和组合运算结构，以后这两种结构又被整合为一个"结构整体"。如果说具体运算是对单独客体或命题的运算，那么形式运算则发展到对命题和命题关系的运算。形式运算思维的发展代表了儿童认知发展的每个阶段中都发生的思维重组的最高形式。

处于这一时期的中学生的抽象思维能力更强，能灵活运用符号进行命题思维推导，因此他们能解决较复杂的代数问题，如一元二次方程 $ax^2 + bx + c = 0 (a \neq 0)$。此后，随着生活实践的深入，儿童的认知还将进一步发展，可以解决更复杂，更需要抽象思维、逻辑推理的问题。

二、信息加工学派的儿童认知发展理论

信息加工理论把儿童比作计算机,人类的心理活动类似于计算机的运算过程,人的思维类似于计算机程序,把认知过程中的感觉、知觉、注意、记忆和思维等结合起来成为一个完整的控制系统。简单来说,儿童的认知过程就是从环境中输入信息、储存信息、处理信息,再输出信息的过程。

(一)信息加工理论与皮亚杰理论的比较

作为一种近代的理论,信息加工理论以新的方式来理解儿童,为我们了解儿童认知的发展提供了一个新的视角。20世纪70年代以来,更多的心理学家们运用信息加工的理论和方法对大量的传统认知心理学问题进行了重新探讨,从而形成了现代心理学的信息加工心理学理论。这些理论在当代心理学研究领域中占有重要的地位,信息加工理论对儿童思维发展的解释为早期教育提供了理论基础。

那么,信息加工理论与皮亚杰的儿童认知发展理论究竟有何异同呢?

1. 关注的课题不同

皮亚杰的认知发展理论关心的是:儿童是怎样逐渐认识构成世界的基本范畴的,如时间、空间、因果关系?在儿童的认知过程中有哪些质的飞跃?这些质的飞跃构成了儿童认知发展的哪些阶段?在不同条件下,对于不同的事物,儿童的思维有什么类似之处?儿童已有的智力结构是如何同化外来信息,又是怎样顺应外来信息的?

信息加工理论则关注于如何用流程图来刻画儿童解决问题和复杂任务的精确步骤。这个过程很像程序员设计程序让计算机执行一系列的操作,而流程图能够让我们了解儿童解决问题的心理操作步骤,从而为教学提供基础。信息加工理论还注重建立多种多样的信息加工模型,这些模型通过追溯儿童的一项或几项任务的掌握情况,来揭示儿童思维中显著的年龄变化,例如年幼和年长的儿童对于记忆新信息的策略分别是什么,策略以怎样的方式影响儿童的记忆。

2. 使用的方法不同

皮亚杰的研究方法别具一格,他发明了很具灵活性的临床谈话法,在对儿童的认知活动进行观察的基础上,同时要求儿童对自己解决问题的过程进行解释。这种方法成为皮亚杰认知发展理论研究过程中的基本方法。

而信息加工理论的一个很大的优点在于,它使用了认真而严格的研究方法。一方面它利用已有的计算机技术为心理学的研究提供便利的途径;另一方面又充分利用和改造了传统的研究方法,例如眼动模式、反应时模式和自然观察法。

3. 对发展的连续性和阶段性的看法不同

虽然说心理发展阶段理论最早是由弗洛伊德提出的,但是关于儿童认知发展的阶段理论,皮亚杰作出了杰出的贡献。皮亚杰认为,儿童认知发展的阶段具有如下特征:第一,阶段的获得次序是连续的、恒定的,这种连续的顺序应该具有普遍性,同时又是稳定的。第二,阶

段具有整合性，整合性指阶段之间的内在关系，前一个阶段中发展出的认知结构将成为下一个阶段中某个结构的一个整合部分，例如客体永久性是感知动作阶段儿童获得的能力，但是在具体运算阶段，客体永久性将会成为守恒的一个整合部分。第三，阶段具有双重性，每一个阶段都包括一个准备水平和一个完成水平，这是由于每一个阶段的形成都是一个动态的过程，需要连续的平衡，最后形成一个稳定的结构，所以每一个结构都包含着形成的过程和最后的平衡形式。

与皮亚杰理论不同的是，信息加工理论没有提出发展的阶段。这是由信息加工的研究对象所决定的。信息加工将知觉、注意、记忆、计划、问题解决和阅读理解等作为自己的研究课题，而研究结果往往显示，所有年龄阶段在这些思维加工过程上都表现得比较相似，其差别仅在于表现程度的不同。因此，信息加工理论持有的发展观是连续变化的观点，而非阶段论。

4. 对儿童心理实质的看法一致

虽然信息加工理论与皮亚杰的理论在研究主题、研究方法、发展的连续性这些问题上有所差异，但是对于儿童心理实质的看法却是一致的。与皮亚杰的理论一样，信息加工理论也将婴幼儿视为积极的、有意义的个体，他们可以根据环境的需要，相应地调整自己的思维。在学习过程中，婴幼儿不是像海绵吸水一样原封不动地将知识接收过来，而是依据自己原有的经验来同化、建构知识。

（二）信息加工理论关于认知发展的研究

1. 认知单元

信息加工学派认为人是通过认知单元来表征事物或信息的，认知单元有四类：图式、映像、概念或范畴、判断。

图式，是由一个场景中典型的、独特的特征或事件的程序组成的，它保留了场景的基本内容。例如，卧室的图式可能是一张床、一扇门、一扇窗，这不是特定的某个卧室，而是卧室的典型特点所合成的内容构成了一般卧室的图式。

映像，也称表象，是一种感觉印象。例如，提起卧室儿童想到了妈妈的声音、被子柔软的感觉，这就是与卧室相伴的映像。成人的知识很多已经概念化，而儿童较成人则更多地运用映像解决问题。映像或者表象不一定是视觉的，还可以是听觉的、嗅觉的。例如有一部著名的影片《闻香识女人》，片名便是嗅觉表象的体现。

概念或范畴，是一组对象的符号表征。儿童很早就能进行简单的归类，虽然那时他还不能完全理解"集合"的概念，但是实际上已经在这样做了，例如儿童根据形状对积木进行分类。随着年龄的增长，儿童对事物的认识更加丰富，概念也更为精确。例如，从先前按易滚动的物体和不易滚动的物体分类，到后来已经能具体分辨球体、锥体、立方体。

判断，也叫作命题，两个或更多的概念联结在一起就构成了判断，例如"燕子是鸟类动物"。随着儿童认知的发展，可以同时考虑多个判断、多个维度来解决问题。

认知单元的研究对于婴幼儿早期教育而言有着重要价值，例如通过对概念的研究，发现幼儿对数学的学习要以分类为基础,而婴幼儿分类一般是按照先形状,后颜色,最后是体积来进行的。分类后学龄前儿童开始形成"集合"或者"类"的概念,而这些概念的形成不是通过用言语向儿童陈述什么是集合或者什么是类来完成的,而是借助于相关教具的操作来完成。例如让学龄前儿童对鸡、鸭、鹅、马、牛和羊进行分类,他们可能不知道一类是家禽,一类是家畜,但是实际上他们的确可以将上述六种动物分成两类。

2. 信息加工的阶段

信息加工分为五大阶段:感觉登录、注意、知觉、短时记忆、长时记忆。信息加工的过程如图5-8所示,下面对各个阶段具体阐释。

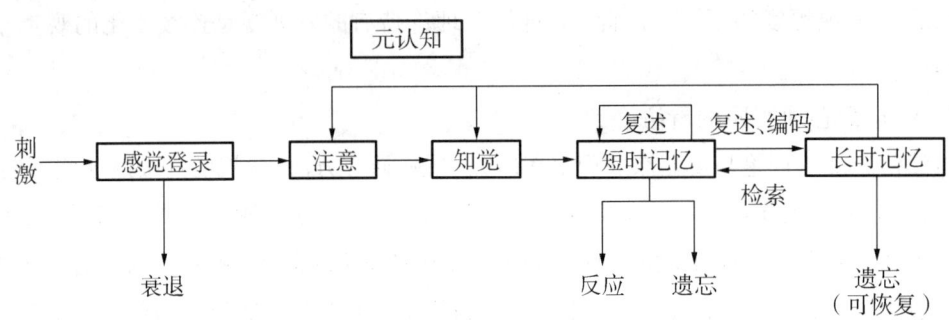

图5-8 信息加工的过程

(1)感觉登录

环境中的刺激传递给感官,视觉、听觉、嗅觉、味觉、触觉积极运作。信息加工的第一步便是接受来自各个感官的信息,光、声音等直接复现,并暂时贮存它们进行感觉登录。例如,给儿童呈现一组英文单词并伴随发音,要求儿童记住单词进行再认。视觉接收到了单词的拼写形式,听觉接收到了单词的发音,感觉登录就此产生了。

(2)注意

注意分为不随意注意和随意注意。随着年龄增长,儿童掌握更多的记忆策略,会主动根据任务要求来筛选刺激物、选择注意对象。例如,年幼儿童可能会被单词的颜色、纸张的花纹所吸引,而年长儿童则关注单词本身,不理会无关刺激,从而作出正确判断。

(3)知觉

知觉对注意到的信息进行觉察、识别和解释。信息呈现的数量会影响知觉。例如,品尝汉堡比观察汉堡的照片能获得更多的信息,对汉堡特性的把握也会更为丰富。

(4)短时记忆

知觉到的信息被储存在短时记忆里。短时记忆,又称为工作记忆,是一种暂时的、主动的、有意识的记忆。短时记忆通过复述保留一定量的信息用于记忆和解决问题,也就是反应。部分短时记忆则被遗忘。短时记忆一次能容纳的符号数量有限。有研究表明,人的记忆广度是 7 ± 2 个信息块。

（5）长时记忆

一部分短时记忆经过复述、编码进入长时记忆。长时记忆相比短时记忆更有规律、有秩序，能更长久地储存信息，供以后提取之用。但是长时记忆也不一定是永久的，随着时间的流逝，部分长时记忆也会被遗忘。有时候被遗忘的长时记忆可以恢复。

短时记忆和长时记忆是信息加工过程中的重要环节。它们是如何变化、如何测量的？怎样利用它们的特性促进我们的认知发展呢？

短时记忆主要是在复述、组织、元记忆和信息加工水平中发生变化。组织是把学过的材料加以序列化或范畴化的过程，如组合信息块使之成为集合的方式。年龄大的儿童比年幼儿童能更好地运用复述和组织策略来加强短时记忆。元记忆是对记忆过程的认识，需要判断什么时候利用什么策略最为合适。信息加工水平（如不同的复述类型、不同的组织方式）会影响短时记忆向长时记忆转化的水平。

长时记忆中的重要变化在于提取。提取是检索记忆中信息的能力。由于信息加工程度深，长时记忆中的信息更易于提取和恢复。

测量记忆一般有三种方式。第一种是再认，指识别一个客体，与记忆中的表象匹配。例如，给儿童提供一组单词，而后呈现其中的一个词给儿童，要求儿童在原来的一组单词中找到这个词，这就是再认。第二种是重组，指将客体恢复到与记忆中的表象相匹配的状态。重组比再认要复杂。例如，给儿童呈现单词 apple 之后撤销单词，呈现分开的字母 p、p、e、l、a，要求儿童将字母组合成刚刚看到的单词。第三种是回忆，指再现记忆中的表象。例如，在学习 apple 后，要求儿童默写出这个单词。回忆比再认和重组要运用更多的信息块，难度更大。

首因效应是指人们对最初接触到的信息印象深刻的现象。近因效应是指当人们识记事物时对末尾部分的记忆效果优于中间部分的现象。

首因效应反映了长时记忆，近因效应反映了短时记忆。美国心理学家卢钦斯（A. Ladins）用编撰的两段文字作为实验材料，分别向两组被试介绍一个人的性格特点。对甲组先介绍这个人的外倾特点，然后介绍内倾特点，对乙组则相反，最后考察这两组被试留下的印象。结果发现，甲组被试更倾向于描述外倾特点，乙组则更倾向于内倾特点，这验证了首因效应。洛钦斯把上述实验方式加以改变，在先后介绍两种特点的中间加入一些不相干的内容，结果都是对第二部分的材料留下的印象深刻，近因效应明显。

3. 元认知

1976 年，美国心理学家弗拉维尔（J. H. Flavell）将"元认知"作为科学概念首次提出。1981 年，他对元认知的含义做出了更简练的表述：反映或调节认知活动的任一方面的知识或者认知活动。弗拉维尔认为，元认知即两种现象，或者是有关认知的知识，或者是调节认知的行为。有学者认为元认知有两种不同的形态，一种形态表现为对象在认知过程中对活动中出现的问题和因素进行认知，可以理解为静态表现，另一种形态表现为对象在活动中对当前的认知行为、对策进行调节，可以理解为动态表现。弗拉维尔认为元认知的两个要素是

"元认知知识"和"元认知体验"。元认知知识是指对影响认知活动的因素、各因素之间的相互作用,以及作用的结果等方面的认识,是主体根据经验积累起来的关于认知活动的一般性知识。元认知体验与智力活动相伴,隶属于智力活动的有意识的体验或情感。国内研究者董奇等则认为元认知知识、元认知体验和元认知监控是构成元认知的三要素。其中,元认知知识的核心是元认知策略,对策略的调节与监控反映了元认知调节能力的高下。在人们的生活、工作中都会涉及元认知的策略,元认知策略在人们的学习、工作过程中发挥着重要的作用。

拓展材料

幼儿元认知的分类

1. 弗拉维尔早期元认知结构图

2. 布朗元认知结构构成图

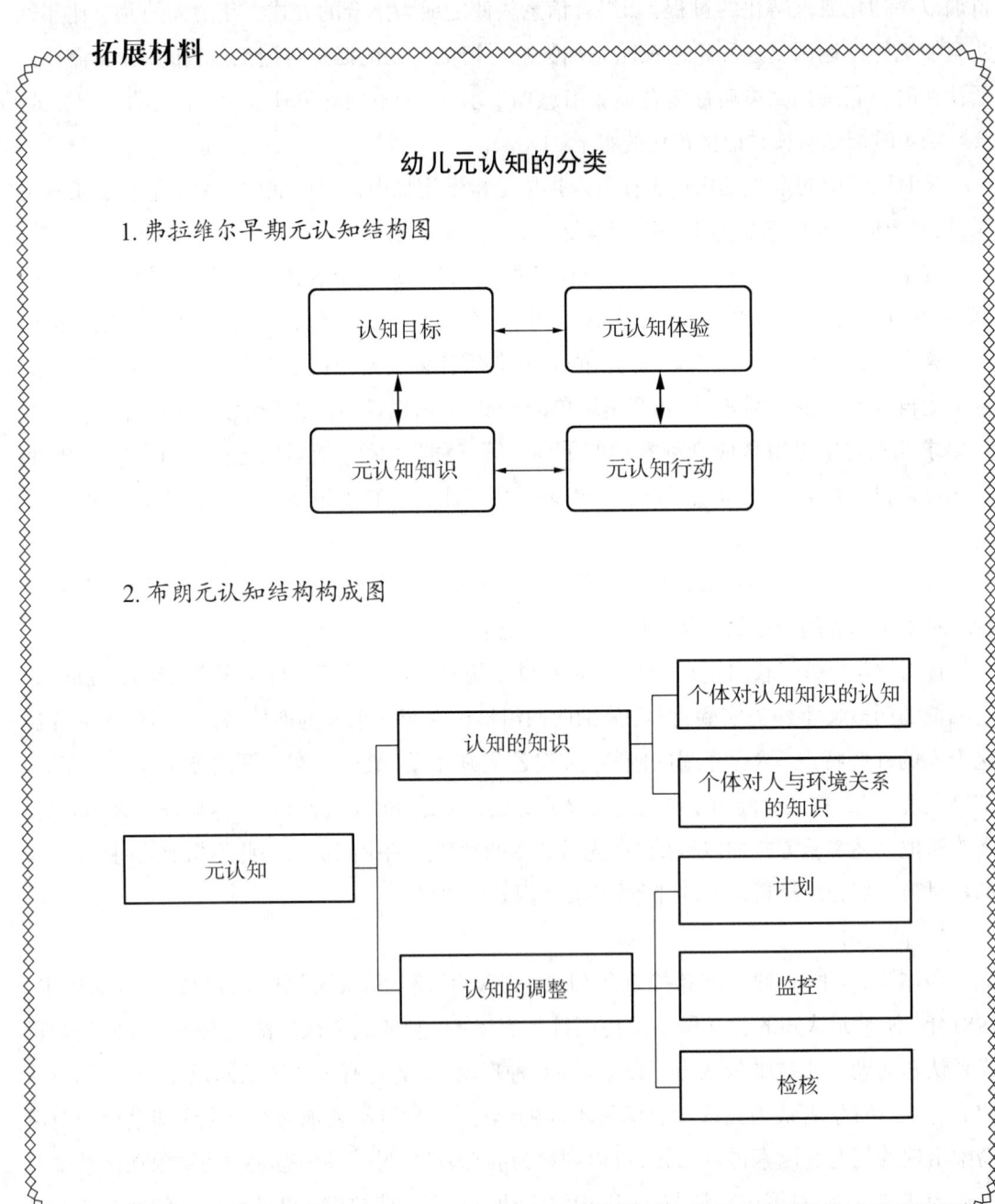

3. 巴里斯元认知结构构成图

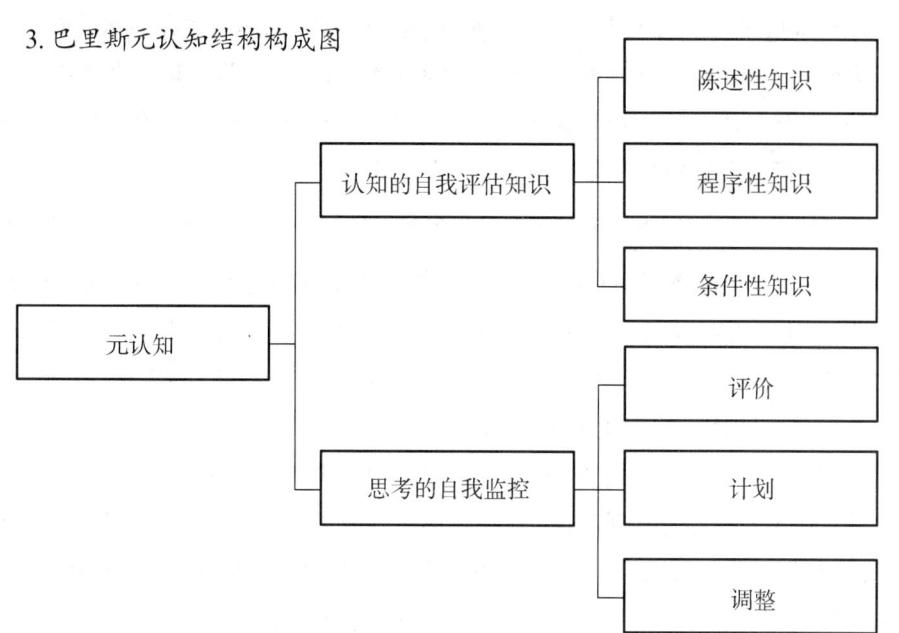

4. 董奇元认知结构三分法图

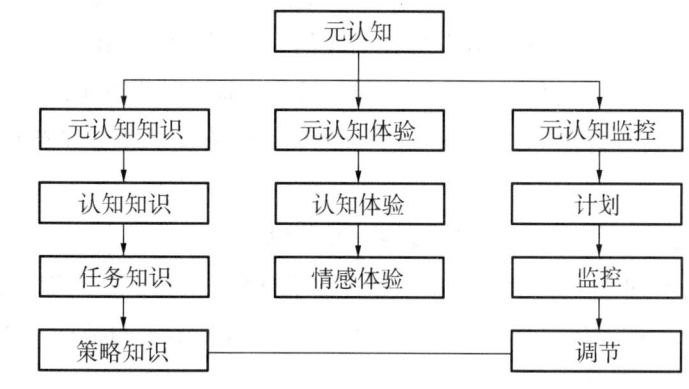

5. 张雅明元认知构成图

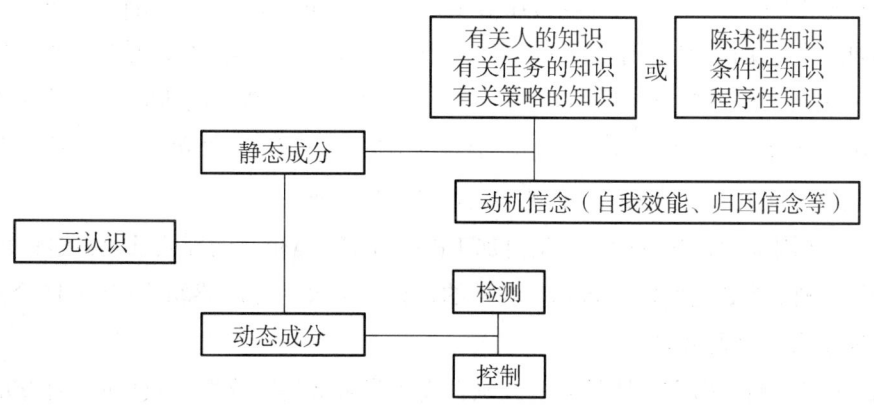

> 元认知问题的研究大体涉及三个方面：第一，将元认知看作是知识层面，是一种稳定的陈述性知识，可通过外显行为表现和测量；第二，将元认知看作是一种不稳定的、灵活性较强的体验和监测调控的过程；第三，将元认知作为一种学习要素进行研究，研究元认知在各类活动中的影响作用。

很久以来，众多的研究者们发现，不同人之间的元认知是有差异的，而这样的差异主要体现在人们对元认知策略的运用的差异。由于元认知策略的水平各有不同，人们对元认知策略的有效性和适用性有不同的理解，在活动中会选择不同的策略。探讨元认知策略在活动中所具有的影响机制对于我们进一步了解人类认知的由来很有意义。

对元认知以及儿童元认知发展的研究从20世纪70年代开始就累积了大量的理论研究成果。有学者认为元认知是一种智力，现在很多研究成果发现，学龄前儿童的元认知水平比成年人低，研究儿童的元认知，尤其是元认知策略的发展特征已经成为研究的重点。

研究文献表明，在元认知计划策略方面，3—6岁的幼儿的发展呈稳步递进的态势。总体而言，虽然学龄前儿童的行动已带有明显的目的性和计划性，但是小班的幼儿对计划的内涵并没有领悟，要到中大班才能明白计划的内涵并能通过有意计划来指导自己的行动。在元认知监控策略方面，元认知监控能力在幼儿时期就已经出现，且幼儿认知水平的高低会影响其监控能力的高低。在元认知调节策略方面，个别幼儿在2岁时就拥有延迟满足的能力并开始调节自己的行为，但是更多的幼儿要在更大的年龄阶段才会出现调节策略。

（三）信息加工观下婴幼儿认知发展的一般结论

信息加工理论通过对上述各个研究课题的研究，得出了一个关于婴幼儿认知发展的一般结论：婴幼儿能力的发展高于皮亚杰的估计。得出这个结论的证据主要存在如下几个方面。

首先，作为认知发展重要标志之一的象征功能，或者说符号表征能力究竟什么时候出现的？按照皮亚杰的观点，符号表征能力在幼儿2岁左右出现，正是这个功能的出现，儿童进入到前运算期。信息加工理论则凭借更为精良的研究方法和仪器探查到婴儿在8—12个月的时候便已经出现了象征功能。另外一个关于婴儿学习美国手势语的研究也表明最早的手势符号可能出现在婴儿6—7个月时，比儿童学习母语通常出现第一个单词的时间早了几个月，并且远在皮亚杰理论中所预测的这种能力的出现年龄之前。

其次，关于因果性认知的问题。信息加工的研究表明6个月的婴儿已经能够感知到引发事件中的因果性，例如他们能够辨别拉和推的差异。再大一点的婴幼儿（10—15个月）能够利用情景线索来找出因果关系。

最后，关于范畴的研究。婴幼儿形成概念或者范畴是基于分类，信息加工的研究也探查到了比皮亚杰的理论中更早出现的婴幼儿的分类行为。例如3个月大的婴儿能够区分家具和动物,9个月大的婴儿能区分猫和鸟、狗和马,但不能区分狗与母狮。

综上所述,信息加工理论在用新的方法检视了一些传统的儿童认知发展的课题以后,得出了一个一般性的结论:婴幼儿的认知发展在以往的认知发展理论中被大大地低估了。

第三节　对儿童认知发展理论的评析

一、对日内瓦学派的儿童认知发展理论的评析

(一)贡献

1. 揭示了儿童认知发展的阶段性,对正确认识儿童心理发展作出了杰出贡献

皮亚杰的认知发展理论有划时代的意义。他第一次最为详尽地论述了儿童认知发展的阶段,揭示了儿童认知发展中的质变。

对于皮亚杰的杰出贡献,苏联心理学家维果斯基指出:"皮亚杰所做出的新的和伟大的东西,也和许多伟大的事物一样,实际上普遍而平凡,甚至可以用一个通俗古老的原理来表达和说明。皮亚杰在自己的书里就引用了卢梭的原理,儿童完全不是小成人,他的智慧也完全不是成人的小智慧。皮亚杰用事实揭示和证实了这个简单的真理,但是这个真理后面却隐藏着一个实际上也很简单的思想——发展思想。这个简单的思想贯穿皮亚杰内容翔实、卷帙浩繁的科研篇章,闪闪发光。"我国著名学者王振宇教授在其《儿童心理发展理论》中给予皮亚杰的理论如下的评价:"虽然皮亚杰把自己对儿童心理的研究工作当作是'从事思考在方法论上的一个插曲',然而这一插曲结构完整,旋律鲜明,精湛雄伟,宛如一首完整的交响乐,以其独特的表现力影响着当代的心理学。"

2. 丰富了当代心理学的基本理论体系,并在方法论上有着自己的贡献

皮亚杰用同化、顺应、平衡等概念来阐述思维机制,强调认知是主客体相互作用的结果,丰富了心理学基本理论的体系。他揭示的儿童认知发展规律具有普遍性,是人们认识儿童、教育儿童的科学依据,为今后人们进一步深入研究儿童的认知发展作出了宝贵的贡献。

皮亚杰及其同事们在发生认识论的研究中采用的主要是临床法,该方法为日后研究儿童认知发展,尤其是认知发展过程提供了有益的借鉴。皮亚杰独创的临床法包括三个环节:① 研究主题与问题的收集和设计;② 提问的技术;③ 对所搜集资料的诊断分析与解说。在儿童心理的研究中,临床法是通过提问的方式为儿童创造一种设计特别的实验环境,来测定儿童的思维倾向。在早期的心理学研究,如智力测验的研究中,实验者往往从儿童反应的正确率和反应所花费的时间来判断儿童的认知发展水平。皮亚杰通过观察发现,虽然有的儿童花费了同样的时间,正确回答了同样的问题,但是他们的思考方式或者思维过程是不一样

的。要真正发现儿童的认知水平，必须研究儿童思维的过程。于是皮亚杰开始在实验结束后对儿童的思维过程进行提问。经过实践，终于独创了一套完整的研究方法——临床法，用于揭示儿童的认知过程。皮亚杰强调儿童在回答实验者的问题时，实验者不宜多话，不宜暗示或者启发，更不要打断。研究者要善于提出假设，推测隐藏在儿童答案背后的思维方式，然后再通过提问来证实或否定自己的推测。皮亚杰独创的临床方法所收集的资料，为创建发生认识论作出了很大的贡献。

3. 为早期教育提供了理论指导

皮亚杰关于儿童认知发展阶段的理论，对早期教育有着十分重要的启示。皮亚杰本人也十分重视早期教育，他认为儿童越小，对他们进行教学就越难，但同时对于幼儿的未来也越有影响。因此早期教育的重要任务就是促进认知的发展。

关于发展和教育的关系，或者说学习和发展的关系，皮亚杰提出了自己的见解，即学习应该从属于主体的发展水平。关于学习能否加速儿童认知发展的问题，他认为其关键在于学习活动所指的是成人教导下儿童被动的学习知识，还是儿童在其生活情境中自行探索，主动学到知识。教育的真正目的不是增加儿童的知识，而是设置充满智慧刺激的环境，让儿童自行探索，主动学到知识。如果在发展尚未到达适当水平之前，提早教他知识，反倒对儿童自行探索、主动求知的行为产生不利影响。据此观点，皮亚杰所倡导的早期教育应该是建立在婴幼儿发展的基础之上的，只有当婴幼儿发展到相应的认知水平以后，他才能够同化和顺应环境中所提供的智慧刺激。

关于早期教育的主要方式，皮亚杰认为应该着眼于发展儿童的主动活动。皮亚杰的理论为我们刻画了早期教育的原则：为儿童提供一个充满智慧刺激的环境，让儿童在这样的环境中自己动手操作，在操作过程中同化或顺应各种各样的外界信息，从而促进其认知发展。在这个过程中，皮亚杰认为游戏是儿童学习的主要方式，从感知运动的练习与符号这两种主要的形式来看，游戏是把现实同化于活动本身，活动具有其必然的持续性，而且按照自我的需要改变着现实。因此，幼儿教育的活动法要求为儿童提供适当的设备，让儿童可以在游戏中同化一直存在于幼儿智力之外的理智现实。

（二）局限性

1. 理论表述晦涩难懂

皮亚杰理论的概念过于抽象，大量生物学、数理逻辑语言的引进，使得文字晦涩难懂。我国著名的皮亚杰研究权威李其维教授曾经说过，皮亚杰是用了生物学的方法研究了一个哲学问题，其中的一个产物正好落在了儿童心理学的界域之内。因此，正如有学者指出的那样，皮亚杰理论阐明和表达的方式很难进行简明的转述，使得人们在阅读他的文本时经常不知所云。同时，皮亚杰的整个理论体系又十分庞大，许多现象难以解释清楚，也常常造成误解。可能就是这个原因造成了皮亚杰逝世后日内瓦学派的迅速衰落。

2. 研究方法单一

对皮亚杰理论的第二个质疑直指皮亚杰的研究方法，认为其研究方法过于单一。虽然皮亚杰的理论多运用其独创的临床法,但是该方法的变量并未厘清,难以保证结果的真实性。而且临床法对实验者的要求非常高,不经过严格的训练是很难真正掌握的。同时,由于临床法具有较大的灵活性,因此不可避免地增加了研究的不确定性,而且研究者的主观看法会在资料分析中被放大,从而丧失客观性。此外,因为临床法是通过语言来实施的,无论是对实验者还是参与实验的儿童而言,其口语表达能力就显得十分重要。受限于自身的语言表达能力,再加上对自己思维过程的描述本身就是非常困难的,婴幼儿往往不能很好地回答实验者的问题。婴幼儿不准确的描述又很容易导致实验者对实验结果的误判,从而影响研究结论的可靠性。

3. 过于强调发展的作用

皮亚杰的认知发展观强调生物学因素和普遍性,在某种程度上贬低了环境和教育的作用,忽视了社会文化制度对个体的影响。

如何平衡发展与学习的关系?如何在尊重婴幼儿发展规律的基础上,通过教育与环境来促进婴幼儿的发展?这个课题并不是一个简单的问题。新皮亚杰理论是在对上述观点的批评中产生的,它继承和发展了皮亚杰理论,使之更完善。新皮亚杰学派保留了认知结构的概念,认为它是由儿童自己创造的,但是存在不同的水平。同时加入信息加工的研究方法,弥补了皮亚杰理论中研究方法的缺陷,对发展和学习进行了更深入的区分和探讨。例如代表人物之一罗比·凯斯,他提出了中心结构论,认为发展需要一系列的中心概念结构的组合,每一个中心概念都受到一般性发展规律的限制,最后达到发展的最高水平。儿童早期的智慧能力和他们所依赖的控制结构是用于对付特定问题情境的手段,同时也是达成与情感因素有关的目标的手段。

二、对信息加工学派的儿童认知发展理论的评析

(一) 贡献

从20世纪50年代中期起,信息加工学派的认知发展理论迅速兴起。这不仅拓展了认知心理学的领域,而且从整体上改变了心理学的研究面貌。

1. 为更好地理解儿童发展提供了新视角

信息加工理论将人与计算机类比,认为人的认知过程相当于计算机运算程序的过程,这种思路让深入研究思维和认知变成了可能。

和许多其他的概念一样,心理学对于"认知"概念的界定一直处于变化中。这些看似简单的概念,其实在深层却具有复杂性和不稳定性。传统上我们将认知视为在人类心智中比较特别、比较明确的"智力"过程和产物。认知包含了知识、意识、智力、思维、想象、创造、计划等。如果要开列一张组成认知的成分表,这张表会越来越长。

现代心理学反过来提出这样一个问题:人的心理过程中有哪些是不包含在认知里的?其答案是:无。事实上,人的认知活动和心智过程都是渗透在人类的心理过程和心理活动

中的。因此如何超越传统的认知观来研究人类的认知、研究儿童的认知发展便成了一个新问题。

信息加工心理学无疑为解决这样一个问题提供了参考，即将人类的心智设想为一个复杂的认知系统，这一系统在某些方面与数字计算机相似。与一台计算机一样，认知系统处理或加工来自环境或已经储存在系统内的信息，它以各种不同的方式加工信息：编码、重编码或者解码，与其他信息比较或结合并储存于记忆中，从记忆中提取、纳入或排除出注意，等等。从这些研究课题中我们可以看出，信息加工心理学借助了计算机系统来解构人的认知过程，从而为深入研究认知及认知发展提供了一条新途径。

2. 信息加工学派更为具体地刻画了婴幼儿的认知发展过程

信息加工学派将儿童认知发展的过程具体化，弥补了皮亚杰再认知结构中抽象部分的不足。

如果说皮亚杰的理论是对处于某个特定认知发展阶段的儿童进行特征描述的话，那么信息加工理论则是从问题解决过程中信息的流程（感觉登记、编码、储存和提取）的角度来刻画儿童的认知发展水平。相比而言，信息加工理论更为具体。信息加工理论一般是通过研究这样一些课题来解释婴幼儿认知发展的：在某一特定环境中，分析儿童注意、记忆和策略的使用过程可以发现儿童是否理解和掌握了某个概念；儿童有限的短时记忆容量和工作记忆对儿童使用概念的限制；儿童的知识表达和向更成熟思维的进展中的不平衡现象；儿童学习与发展过程中反应能力的增长、效率的提高、注意灵活性的增强等。这些研究是从与皮亚杰理论不同的视角来反映儿童认知发展的规律与特征的。

在信息加工理论看来，所谓认知发展的一个重要标识就是儿童能够处理越来越多的信息。如果将儿童视为一个问题解决者，认知发展就是一系列功能不断强大的解决问题的程序的获得。为了解决问题，儿童建构新的策略，或利用合适的已有策略。随着儿童的成长，问题解决的策略库给人的印象变得越来越深刻，在试图解决问题时，儿童利用内外资源进行试验，他们探索课题，观察和模仿他人，并且在问题解决中与他人进行合作。如果儿童具备必要的加工能力，他们就能够利用这些经验，建构较高级的问题解决的认知结构。

皮业杰用"认知结构"这个比较抽象的概念来描述儿童认知的发展过程，信息加工则用儿童问题解决过程中的具体表现来刻画儿童不同的认知发展水平，后者的研究视角显然更为具体。

（二）局限性

信息加工的认知发展理论也存在许多不足。

一方面，该理论将人的认知活动比喻为计算机对信息的处理，但却忽视了人的本质属性，很难完全解释在人脑内发生的复杂的认知活动。另一方面，信息加工理论比较零散，缺乏系统性。

本章小结

本章主要介绍了认知发展理论的代表人物和基本观点,讨论了学习与发展的关系,学习了儿童认知发展的特点和阶段等内容。

日内瓦学派的代表人物是皮亚杰。认知的机制就是同化和顺应不断从低级的平衡向高级的平衡发展的过程。皮亚杰将儿童的认知发展分为四个阶段:感知运动阶段、前运算阶段、具体运算阶段、形式运算阶段。儿童的认知发展经历了从动作思维到表象思维,再到抽象逻辑思维的过程。

信息加工理论的代表人物是加涅。信息加工学派认为人是通过认知单元来表征事物或信息的,并将人的认知过程看作类似计算机的信息加工系统。信息加工分为感觉登录、注意、知觉、短时记忆、长时记忆五个阶段。另外,信息加工还包括元认知。

延伸学习

拓展阅读

3岁幼儿建构活动中的元认知策略

德文(Devine)将元认知策略定义为:元认知策略包含了计划策略、监控策略和调节策略。其中元认知计划策略包括学习目标任务的设置、阅读材料的浏览查找、有待回答问题的产生和如何完成学习目标任务的分析。监控策略包括领会监控、集中注意、注意加以跟踪、对材料进行自我提问与评价、学习时监视自己的速度和时间。调节策略包括对学习困难之处的策略(重复学习、放慢学习的速度、寻求帮助),对错误的修正等。

这些策略在幼儿建构游戏的层面具体转化为如下策略,即在幼儿的建构游戏中,元认知策略包括:

1. 计划策略

在幼儿的建构游戏中,计划策略包括幼儿是如何设置游戏目标的、会不会自觉寻找游戏材料、能否产生待解决的游戏问题、是否会讨论游戏任务。

2. 监控策略

在幼儿的建构游戏中,监控策略包括幼儿的注意力是否被无关事物所吸引、运用的初级思考能力、运用的深入思考能力、是否会监控别人、是否会监控自己。

3. 调节策略

幼儿在建构游戏中遇到不能解决的问题时是否会采用求助策略:① 执行性求助(向老师提出帮助请求);② 工具性求助(利用游戏材料或参考图片来帮助自己);③ 合作和沟通的策略(可以是幼儿与幼儿之间的合作沟通,也可以是幼儿寻找成年人的合作沟通)。

通过观察与提问(问题见图5-9),发现建构游戏中3岁儿童的元认知策略表现如下。

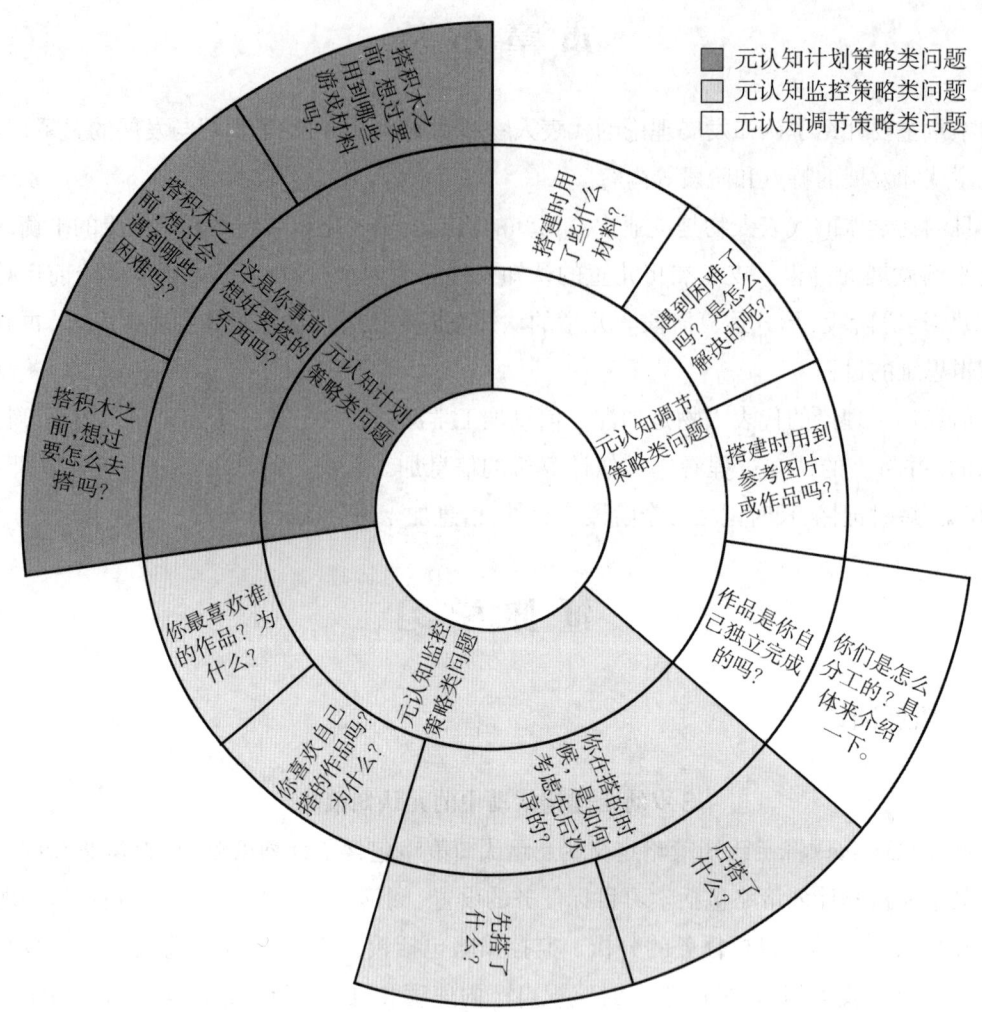

图 5-9 建构游戏中元认知策略的提问

首先，在元认知计划策略方面。尽管在建构游戏中提供很多可以用来参考的图片和作品，但小班幼儿在建构游戏中仍表现为意识性和目的性不明显，他们能够基于眼前的参考物进行简单的模仿，但更多地可能是建立在个人经验记忆模糊的基础上。在语言交流策略上，研究人员通常认为的儿童"困难"的表现源于儿童对身边人员说话言语模糊，但是这种困难的表现也可能是因为儿童自己有自己的答案，但是并不能表达出来。

其次，在元认知监控策略方面。小班幼儿在监控策略方面总体表现为专注力不够，初级思考和深入思考能力较弱，不过他们在实施元认知监控时，采用的是增强专注力的方式。他们关注任务目标，会通过不断尝试的方式去增强这种关注。与此同时，他们也会通过建构目标的色彩搭配提示自己，增强对任务目标的持续关注。此外，他们也可能会选用带有情绪的词语或者动作来增强对任务目标认知的调控。

最后，在元认知调节策略上。小班幼儿意识到问题不能解决时，会向身边的人或事物寻求帮助，为此小班幼儿在元认知调节策略上更多采用的是求助策略，并且倾向于执行性求助的方式,这可能源于他们自身语言能力不足。不过在取得帮助的策略上,言语和非言语何种策略有效,幼儿能够展示出较好的应用能力。

(资料来源:潘臻君.3—6 岁幼儿建构游戏中元认知策略的研究[D].
上海:华东师范大学,2018.)

 学习活动

讨论皮亚杰提出的"同化"与"顺应"的理论,并举例说明。

 复习与思考

1. 比较皮亚杰和加涅的认知发展观。
2. 反思你现在的认知过程还有自我中心的表现吗?结合自身经历,说明人的思维是如何逐渐去自我中心化的。

第六章　社会文化历史学派

学习目标

1. 了解社会文化历史学派的背景与主要代表人物。
2. 比较社会文化历史观的发展概念与其他学派的异同。
3. 思考最近发展区在早期教育中的应用。

社会文化历史学派，也称维、列、鲁学派，是以苏联心理学家维果斯基、列昂节夫和鲁利亚为代表的重要心理学流派。社会文化历史学派的理论及大量的研究不仅对苏联心理学产生了深远的影响，而且在国际心理学界也有重要的历史地位。

第一节　社会文化历史学派的背景及其代表人物

一、理论背景

（一）社会背景

20世纪20年代，俄国爆发了十月革命，推翻了沙皇的统治，建立了世界上第一个社会主义国家。为了巩固年轻的苏维埃政权，列宁在其《唯物主义和经验批判主义》一书中介绍了辩证唯物主义哲学，并且号召在意识形态领域与各种唯心主义和形而上学展开坚决的斗争。

在此背景下，苏联心理学面临着在马克思列宁主义哲学的基础上，改造旧的西方心理学、创立符合辩证唯物主义新心理学的重要任务。当时，苏联心理学界明确提出，由于马克思主义彻底否定了精神与物质二元论的思想，因此，心理学的研究对象——无论是称之为精神，还是心理——都应该是物质世界发展到一定阶段所产生的高度组织的、具有物质特性的东西。在此基础上，苏联整个心理学界都试图建立起一种崭新的心理学体系，即建立在辩证唯物主义和历史唯物主义观点上的社会主义心理学体系。

在当时的条件下，对于如何建立符合辩证唯物主义和历史唯物主义的心理学体系的问题进行了许多探讨。加里培林曾经说过："各种生物学化思潮（反应学、反射学、行为主义，甚至精神分析学派)都曾有助于清除主观唯心主义和确立苏联心理学中的唯物主义。但是在此以后,具体地、历史地理解人的心理,从心理上说明人的意识在其历史发展和个体发展中的社会实质这一重大的问题就提到日程上来了。"维果斯基所提出的社会文化历史理论,正是对上述这些问题的回答。

（二）心理学背景

列宁在其1894年发表的《什么是"人民之友"以及他们如何攻击社会民主主义者?》的著作中提出了心理科学的任务。他认为心理学应该摒弃关于灵魂的哲学理论,应该研究心理现象的物质本体,即心理过程。同时要把说明各种心理过程的事实研究放在科学基础上。后来列宁又在其一系列的著作中提出了心理是脑的机能,是高度组织起来的物质,是在主体同外界不断相互作用中实现的,是对客观现实的积极反应等观点。列宁的这种对心理的看法全面影响了苏联心理学界对基本理论问题的界定与立场。列宁的观点无疑也影响到了维果斯基理论的创立。

维果斯基理论形成的第二个理论背景是苏联心理学界对当时流行的行为主义理论的批判。在当时的心理学界看来,行为主义是庸俗的理论。辩证唯物主义的心理学体系一定要恢复意识在心理学中的地位,也就是说,意识要成为心理学研究的中心问题。同时,研究意识也不能通过西方心理学常用的内省法来进行。因为内省法的前提就是把意识作为一种纯主观的内部状态,这与辩证唯物主义心理学的立场不吻合,应该把意识作为专门的客观来进行研究。在这两个前提条件下,维果斯基找到了构建他理论的途径:贯彻历史唯物主义的原则,将整个的理论建立在人类心理的社会历史制约性这个问题上。他提出,历史观点应成为建立人类心理学的主要原则。以此为出发点,维果斯基开创了心理学的社会文化历史理论体系,并由他的两个学生列昂节夫和鲁利亚发扬光大,最终自成一派。

二、代表人物

列夫·塞梅诺维奇·维果斯基(Lev Semenovich Vygotsky, 1896—1934),苏联心理学家,社会文化历史学派创始人。

1896年,维果斯基生于莫斯科东北部奥尔莎小镇上的一个职员家庭。1913年进入莫斯科大学后主修法律。在莫斯科大学的学生时代,他广泛阅读语言学、社会学、心理学、哲学和艺术。1917年大学毕业后开始文学研究,并对心理学产生了浓厚的兴趣。1917年—1923年间,维果斯基在一所学校中教授文学和心理学,后在教师训练机构中设立了一个心理实验室。1924年,维果斯基搬迁到莫斯科,在莫斯科实验心理学研究所工作。后创设生理残障及心智障碍儿童教育系,在自己设立的缺陷研究所主持工作。他还活跃在莫斯科、列宁格勒、哈尔科夫等城市高校的心理学讲堂。

或许是天妒英才,1934年,年仅38岁的维果斯基患肺病逝世。尽管英年早逝,维果斯基却给后世留下了宝贵的心理学财富。他的学生列昂节夫和鲁利亚继承并发展了他的学说，形成了社会文化历史学派，又称"维列鲁学派"，是苏联最大的一个心理学派别。

由于苏联长期把巴甫洛夫的学说奉为经典，使维果斯基的理论在很长一段时间内都被忽视甚至遗忘。维果斯基的著作在他1934年去世后出版，1936年即遭到批评，直到1958年才在西方为人所知。而俄罗斯直至1992年才召开了"维果斯基学说的过去和未来"国际会议。人们终于承认，维果斯基的理论具有划时代的意义，是传统心理学过渡到现代心理学的钥匙。美国心理学家布鲁纳（J. S. Bruner）曾这样评价维果斯基："在过去的四分之一世纪中从事认识过程及其发展研究的每一个心理学家都应该承认维果斯基的著作对自己的巨大影响。"更有人将维果斯基比作"心理学界的莫扎特"。

拓展材料

列昂节夫——维果斯基的追随者

列昂节夫1924年毕业于莫斯科大学，同年进入国立莫斯科大学心理研究所，担任维果斯基的助手，并和鲁利亚一起实验研究了激情反应问题。1931年，乌克兰成立了心理研究所，他迁到哈尔科夫领导乌克兰神经心理研究所发生心理研究室，并主持哈尔科夫师范学院心理教研室的一个小组专门研究活动的动机、人的活动的结构与发生问题。同时期，形成了以他为首的哈尔科夫心理学派。1934年，他回到莫斯科，在心理研究所等单位工作，1936年任莫斯科大学哲学系心理专业主任，1942年起任该校教授。30年代末期，他从活动观出发，开始着手研究心理反应的起源问题。由于对这个问题的研究于1940年获得博士学位。在卫国战争期间，他参加了莫斯科的红军部队。1942年任疏散的心理研究所所长，并在斯维尔德洛夫斯克市郊领导一个医院，与同事一起研究恢复动作机能问题。

战后，列昂节夫领导心理研究所儿童心理学研究室，与同事一起研究各种活动形式在不同年龄段的儿童心理发展中的作用、动机问题。他在教育科学院心理研究所组织了儿童心理学部，领导研究学前与学龄儿童心理学、心理发展的动因与规律性等问题。1956年起他兼任了莫斯科大学哲学系心理学教研室主任，1966年他创建了莫斯科大学心理系并担任系主任。同年，第18届国际心理学大会在莫斯科举行，他担任了该次大会的主席。在他的倡议下，列宁格勒、基辅、第比利斯都相继创办了心理系。他还建立并领导了莫斯科大学有关知觉的大型实验室，并创办了《莫斯科大学心理学报》。

列昂节夫作为维果斯基的助手，接受了维果斯基提出的关于高级人类心理过程的文化历史学说，该学说用马克思主义的理论作为人类发展理论的基础。列昂节夫与维果斯基和鲁利亚由于共同研究高级心理机能的社会历史的起源，从而创立了苏联最大的心理学派——社会文化历史学派。

（资料来源：360百科）

第二节 社会文化历史学派的儿童发展理论

儿童认知发展理论主要研究的是儿童的头脑。头脑与身体的其他部分是密切相连的，但是我们看到的儿童不仅有长着头脑的身体，其双脚还根植于某一个社会文化的环境，而这个文化环境不是一朝一夕形成的，它有着可追溯的或长或短的历史。因此不能离开社会文化历史来谈儿童的发展，这就是社会文化历史学派的基本出发点。

下面我们从几个早期教育中经常要碰触到的理论问题出发，来介绍维果斯基的理论。

一、心理发展观

维果斯基认为，所谓发展就是指心理的发展，心理发展是指一个人的心理在环境与教育的影响下，在低级心理机能的基础上逐渐向高级心理机能转化的过程。从定义里不难发现社会文化历史观下的发展具有如下特征。

（一）心理发展的实质是低级心理机能向高级心理机能的转化

维果斯基将心理机能分为低级心理机能和高级心理机能。所谓低级心理机能是指感觉、知觉、不随意注意、形象记忆、情绪、冲动性意志、动作思维等，它们是种系发展的产物，具有不随意、感性、直接的特性。高级心理机能是指观察、随意注意、词的逻辑记忆、抽象思维、高级情感、预见性意志，它产生于人际交往活动过程中，是随意的、概括的、间接的符号中介，是社会历史发展的产物。维果斯基通过对比低级心理机能与高级心理机能之间的不同，阐述两者之间的转化机制，来反映心理发展的实质。

1. 低级心理机能和高级心理机能的区别

表6-1 低级心理机能与高级心理机能对照表

类别 心理机能特点	低级心理机能	高级心理机能
自主性	不随意的、被动的	随意的、主动的
反映水平	具体的、形象的	概括的、抽象的
实现过程	直接的、无中介的	间接的、以符号或词为中介
起源	种系变化	社会历史，受社会规律制约
个体发展	依靠遗传，生理成熟或个人经验	依靠人际，借助群体经验

（表格来源：罗秀珍.维果斯基的理论要义及其教育启示[J].中国音乐教育.2003.）

从表6-1中，我们不难发现，低级心理机能和高级心理机能之间存在着本质的差异。低级心理机能具有的普遍共性是：① 就自主性而言，这些心理机能都是不随意的、被动的、由客体引起的；② 就反映水平而言，它们是感性的、具体的、形象的；③ 就实现过程而言，它们都是直接的、非中介的，即不需要工具作为中介；④ 就心理机能的起源而言，它们是种系发展的产物，是自然发展的产物，因而都受到了生物学规律的支配；⑤ 就个体发展而言，它们是伴随儿童自身结构的发展而发展的，尤其是神经系统的发展。

高级心理机能则具有一系列根本上不同于低级心理机能的共同特性：① 就自主性而言，高级心理机能是随意的和主动的，是主体按照预定的目标而自觉引起的；② 就反映水平而言，它们是概括的和抽象的，都有思维的参与；③ 就实现过程而言，高级心理机能都是间接的，必须有符号或者语词作为中介工具；④ 就起源而言，它们是社会历史发展的产物，受社会规律所制约；⑤ 就个体发展而言，它们是在人际交往过程中产生并发展的。

从低级心理机能和高级心理机能的对比来看，我们不难理解，人之所以成为人，不同于其他的动物，就是因为人具有一切动物都不具备的高级心理机能。也正因为如此，人类可以通过观察获得关于客观世界的第一手资料，然后通过归纳总结发现事物内部的规律，从而去推论世界的运行法则，去预测将要发生的事件，这样人才能够积极地改造客观现实，发挥出主观能动性。

2. 两种机能间的转化过程

低级心理机能与高级心理机能有着不同的发展路线，前者是种系发展的产物，后者则是历史发展的结果，那么这两种机能如何转化呢？

对于一个具体的儿童来说，个体心理的发展既包含着种系的发展部分，也包含着历史的发展成分，也就是说，在个体的心理发展过程中，两种不同的心理机能是相互交织、相互融合的。下面我们通过两个例子来说明低级心理机能是如何向高级心理机能转化的。

例一：本能的啼哭——寻求帮助的信号。婴儿最初的啼哭是一种本能，属于低级心理机能，当某一天婴儿啼哭后母亲走近安抚、喂母乳，婴儿停止啼哭、情绪变得稳定，婴儿自发的啼哭行为变成了寻求母亲帮助的信号，由低级心理机能转化为高级心理机能，发生了质的变化。在这个转化的过程中，心理活动的随意性和抽象性增强，各种心理机能间发生更为复杂的变化和重组，心理活动愈趋于个别化。所以从这一个具体的婴儿身上，我们可以看到，低级心理机能与高级心理机能之间由于母亲这一人际交往对象的介入而发生了转化。

例二：未成功的抓握动作——指示性手势。维果斯基曾经用指示性手势的发展来说明低级心理机能向高级心理机能的转化。指示性手势在儿童言语发展中有着极为重要的作用。维果斯基认为，婴儿最初的指示性手势只不过是指向客体的一个未成功的抓握动作。当婴儿需要抓住某个离他很远的物品而没有抓到的时候，婴儿便会不停地重复抓空的抓握动作。当母亲走过来看到这个动作后，她会帮助幼儿获得他想要抓握的那个物体。此时，失败的抓握动作变成了对母亲的指示性手势，母亲根据这个指示性手势帮助儿童完成了该动作。于是，失败的抓握动作本身的功能发生了变化，从指向某一个物体的动作变成了指向某一个人（母亲）的动作，而把抓握变成了指示。

由上述两个例子我们可以得出这样的结论：高级心理机能的形成和发展是有赖于人际交往的，啼哭和抓握由最初的个体行为转化为两个人之间的动作，最后内化为婴儿的内部心理结构——寻求帮助的信号和指示性手势。这种发展转换主要表现在四个方面：

第一，心理活动的随意性增强。所谓的随意性指的是凭借自己的愿望和意志来推动心理活动的正常开展。例如2岁的学步儿在托育机构进行户外亲子活动的时候，他的注意力被一只翩翩而来的蝴蝶吸引。此时母亲提醒他"看这边，你要来帮我拿球了"，于是，孩子努力地把注意力从蝴蝶转移到妈妈身上。在这个案例中，被蝴蝶所吸引的注意是不随意的注意，而努力地把注意力从蝴蝶身上转移到母亲身上便是随意的注意。

第二，心理活动的抽象概括能力增强。当儿童能够用一些词汇来对某些物体进行概括的时候，反映出他的心理活动的概括能力得到了提升，标志着高级心理机能的发展。

第三，各种心理机能之间关系的变化和重新组合性增强。在不同的年龄阶段，儿童心理发展中的优势过程是不同的。例如，三岁前的幼儿知觉占主导地位，因此思维都有明显的直接性；三岁到六岁的幼儿记忆占主导地位，思维带有明显的形象性；到了学龄期，思维占据主导地位，使知觉和记忆发生了质的变化，如何思维便如何知觉和记忆。

第四，心理活动的个别化特征增强。随着婴幼儿与他人交往的不断增多，交往活动与交往形式也在不断内化。在这个交往系统中，每个婴幼儿所处的环境，以及环境中的人，包括婴幼儿自己都有着不同的特性。这种不同特性使得婴幼儿内化的心理结构越来越具有自己的独特性质，使心理活动表现出个别化的特征。

维果斯基第一次明确提出了社会起源学说，对高级心理机能追本溯源。他认为，人的高级心理机能是通过人与人之间的交往形成的，它的实质是社会的。高级心理机能是如何发生发展的呢？其发生发展的机制又是什么呢？对此，维果斯基提出"中介理论"来解释高级心理机能的发生发展机制。例如，语言是人类社会主要的传播和社交工具，联系着语音、语义、语法等规则，是一种多水平的文化工具，它们在高级心理机能的发展中起着符号中介的作用。正如人类在生活中会运用物质工具生产劳动，在心理活动中，人类也会运用心理工具促使人与人之间的活动交往不断内化，从而促进人际间的相互合作、相互学习。

（二）心理发展受社会文化历史的制约

维果斯基认为，人是社会历史的产物，人的心理具有文化历史的特点。在发展的定义里，社会文化历史观明确指出了社会文化、环境与教育对发展的重要性，发展是在环境与教育的影响下，同时受社会文化历史发展规律所制约的。

社会文化历史观强调，儿童和社会之间存在着相互作用，并且认为儿童与其所处的社会文化是不可分割的一个整体。当代的儿童发展社会文化观更是将维果斯基的观点作了更为深入的阐述。概括起来，社会文化在两个水平上影响着儿童的发展。第一个水平是远端环境，也就是儿童所处的社会文化历史时刻，在这个水平上，儿童被赋予一套已经成型的价值、信念和规则体系，这套体系随着不同的文化而变化。例如不同的文化所重视的认知技能种类是不同的，因而成人所鼓励和发展的认知技能也就不同。以学前教育为例，在东方文化中，大部分家庭都会非常重视儿童认知的发展，比如算术能力、语言能力、艺术技能；相比而言，西方社会则比较重视儿童社会化的发展，比如人际交往技能、对规则的执行和理解、对学业的兴趣。不同的文化背景对于早期教育的影响历来是研究的一个重要课题，此类研究大多属于跨文化研究，即同一课题通过对不同文化背景的儿童进行研究来探讨儿童心理发展的共同规律和不同的社会文化背景对儿童心理发展的影响。第二个水平可以理解为近端环境，即与儿童接近的社会和物理环境，在该水平上，无时无刻不在发生着社会互动，即婴幼儿与父母、兄弟姐妹、同伴、教师和其他重要人物之间的互动。在这些互动中，成人是婴幼儿发展的助推器，支持并指导儿童，达到他能够发展的水平。在人际互动中，成人安排儿童的活动，调整问题的难度，引导儿童的注意力，并提供明确或隐含的指导信息，从而使儿童的认知获得发展。

> **拓展材料**
>
> **社会化的跨文化研究：三个国家的幼儿教育特点比较**
>
> 不同的地区、不同的社会与文化环境、不同的时代，以及现代与传统的影响，其社会化内容必然产生差异。1989 年，美国的托宾、吴燕和戴维逊发表了一项研究成果，表明不同文化背景中的幼儿教育、幼儿社会化的内容及其特点具有明显的差异。
>
> 他们选择了中国、日本和美国的幼儿园，以民族学形象记录法真实地记录了幼儿在幼儿园中的生活。他们把三个国家的幼儿园记录加以浓缩，突出特点，分别向中国的、日本的和美国的幼儿园教师、行政人员、家长和儿童教育专家放映这三个国家的幼儿园的记录实况。看完幼儿园的实况录像以后，紧接着要求他们做问卷调查，被调查的幼儿园教师、行政人员、家长和儿童教育专家中，中国有 240 人，日本有 300 人，美国有 210 人。
>
> 在录像中的中国幼儿园中，儿童的坐姿是一律将手放在后面。幼儿园内总要求儿童行动要有秩序，重视集体行为，如厕、洗手要排队，吃饭、游戏要守秩序，不允许讲话和打闹，即便是在工作桌上剪纸或做其他事情，老师也会要求儿童安静。午饭时一起吃，一起结束，饭后一起排队漱口，然后排队进入寝室，午睡鞋子一律放在床下，并且摆正，脱下的衣服一律放在床上一个角落。游戏的时间总有老师指导。孩子学加减法，经常集体背诵一个简单的小故事和中国诗词。游戏能够结合现实生活，比如组织儿童玩遵守交通规则的游戏，每个孩子扮演一辆自行车，老师亮出绿牌子，孩子便尽量跑，老师亮出红牌便马上停止。每天游戏时，孩子总是在一起唱歌跳舞。
>
> 日本的孩子上幼儿园都是由妈妈领着，带着午饭便当走进幼儿园。孩子进入自己的教室，先把便当放在自己的小柜内。孩子到齐后，大家首先搞清洁卫生工作，接着随着扩音器的音乐做早操。早操完毕，以班为单位，每个孩子依次脱鞋进入教室。老师教孩子唱认识数目的歌，如"十个小印度人"等。然后孩子们坐在桌旁按

指导书做作业。在工作时，孩子们可以说说笑笑，甚至打打闹闹，老师不加干涉，只要求他们必须完成任务。上下午孩子都有自由游戏的时间，这时他们可以随便追逐打闹，玩打仗游戏或者如厕。吃午饭时，孩子都从小柜子里拿出自己的便当，自己摆好餐巾和餐具，安排个人的午饭，幼儿园为他们的便当加热。午饭时间是儿童最活跃的时候，他们大声说说笑笑，这是完全允许的，有的孩子10分钟就吃完午饭，有的要用45分钟以上，老师也不强求一致。

　　美国的幼儿园是另一种情况。上课时学生围成一个圆圈，坐在教室的地毯上。一开始老师便问每一个孩子："今天有什么东西可以讲讲，或者拿出什么东西给大家看看吗？"有的孩子讲述全家周末旅游的故事，有的拿出来一个新买来的小狗熊，还有个小男孩拿给大家看一只他跟爸爸一块做成的小木船。这个活动结束后，学习中心便展开活动。这一天上午的学习中心有两个活动：一个是家事角，主要是用小炊具和餐具准备午餐的游戏；一个是故事角，有老师讲故事。然后是搞卫生的活动，孩子整理教室、如厕和在院子里自由玩耍。午饭很简单，吃饭时排队，每人领一份点心，就坐在外面的草地上吃。吃过午饭，孩子们重又参加学习中心的学习。这次活动有四种：给娃娃洗澡、用橡皮泥自由创作、用线穿珠子和做饭。这次做饭的游戏是做土豆汤。大约12：45是午休时间，孩子漱口、如厕，然后回到教室，每人拿一块毯子，在地板上自由找一块空地就躺下睡午觉。下午的活动是户外游戏，有的玩泥巴，有的在各种盆子里玩水，老师让他们自由去玩，一直到家长来接他们为止。美国老师说游戏是儿童的权利。

　　以上三所不同国家的幼儿园不一定是中、日、美三国最典型的幼儿园，也不一定能说明这就是中、日、美三个国家的幼儿园最有代表性的、最全面的面貌，但是这三个不同国家的幼儿园有着极明显的差异，有着各自十分鲜明的特点。它们反映了不同的社会与文化环境，以及现代的与传统的观念对儿童社会化的内容产生的影响。

　　我们对以上三种文化中的幼儿园不作任何评价，但我们对这些幼儿园作进一步分析时不难发现，美国幼儿园比起中国、日本的幼儿园来，更强调幼儿自己的选择和内容的多样化。独立性的培养也许是美国幼儿园的一个特点，中国和日本的幼儿园也重视培养孩子的自主性和独立性，因此可以说，独立性的培养已并非美国幼儿园的独有特点。

　　三个国家的幼儿园都把发展儿童的语言作为一项中心任务，但是在对待发展语言这个问题上，看法和做法却各有不同。在中国，教师强调说话发音的准确、用词得当、能背诵一些语句。在幼儿说话时，教师和成人不断地鼓励孩子，改正孩子的错误，给孩子一些示范。日本和美国的来访者对中国儿童在掌握和使用语言方面能无懈可击地说出长长的话语和顺口编出长长的歌词都赞叹不已。日本无论是幼儿园内部还是园外,都有两种语言表达的方式:一方面,儿童在幼儿园学生中间可以随便讲话,说话时大声大气,甚至允许粗野的语言;另一方面,在教师的指导下,群体中表达祝贺、感谢、祝愿和告别时,则用十分礼貌的正式语言。在日本,至少在相当部分的幼儿园里,语言被视为表示群体团结和分担社会目标的一个重要媒介,而不仅仅是自我表达的工具。对比之下,美国人把词看作是促进儿童个性、自律、问题解决、友好和认识发展的关键点。美国的幼儿园重视教孩子用语言表达的规则和语言的通俗用法。

在这三个国家的幼儿园中,中国幼儿园重视培养幼儿做一个合格公民,强调儿童是民族的未来。在这方面,中国幼儿园重视思想教育是超过日本和美国的。幼儿所学习的东西,不仅结合自己的需要,更重要的是考虑国家的需要。在日本,幼儿到幼儿园来是为了学习与同龄人共享欢乐,将自己的家庭温暖与别人分享;学习如何平衡,例如,如何将家里个人的自发性与群体中的正规性平衡起来、如何将情绪的宣泄与控制平衡起来、如何将家庭与社会平衡起来。总之儿童来到幼儿园就开始学做一个真正的日本人。在中国,儿童属于父母,也属于国家。作为父母,中国人十分爱孩子和全力保护孩子;作为公民,中国人希望孩子不应仅仅关心个人和家庭,还应考虑国家和民族,并为之奋斗。因此中国的幼儿园面对周围的这些疑问和要求,也在探索如何使二者平衡起来。至于美国人,托宾认为,美国人似乎对群体定向文化的精神特点不以为然。他们在拥护个性的同时,又忧虑联系人与人之间的纽带太细。于是他们向政府、教会和社区各组织,当然也包括幼儿园在内,寻找指导和帮助,以求得共同的目标和认同。

对以上中、日、美幼儿园的研究和分析,结合社会与文化,可以大致这样概括:中国的幼儿园重视幼儿的思想品德教育,重视智力、体育与美育;日本人则把幼儿园作为一个微型社会,让幼儿学习人际交往和群体生活的社会能力;美国的幼儿园强调培养幼儿的认识能力和问题解决能力,重视幼儿的个性和独立性的发展。

(资料来源:张世富.社会化的跨文化研究:
三个国家的幼儿教育特点比较[J].昆明师专学报,1990,12.)

二、思维与语言的关系

语言与思维究竟是什么关系?二者是如何随着儿童年龄的增长呈现出不同的特征的?维果斯基通过对婴幼儿的观察,对思维和语言提出了这样的看法:① 互有交叉,但不能等同;② 起源和发展轨迹各不相同;③ 内部言语对思维发展有决定作用。

（一）相对独立又相互交织

维果斯基用图6-1概括性地说明了语言和思维发展的关系，两者有交叉，但是又有着很大的分离，即发展的轨迹和发生的根源都是不一样的。单从图上看，我们可以发现语言和思维有交叉部分，维果斯基将其命名为言语思维。言语思维不是思维的全部，也不等同于言语和语言。这表明，维果斯基不认同行为主义将思维和语言简单等同起来的观点，他认为思维与语言有着不同的发生根源和发展路线。

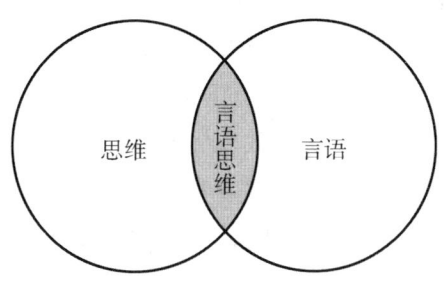

图6-1　思维和言语的关系

（二）不同的起源和发展轨迹

婴幼儿的语言发展简单说来经过以下几个阶段：

1. 咕咕声与牙牙语

大约从2—3个月开始，当婴儿吃饱了感到安全舒适的时候，就开始发出类似元音的声音，它们被称为咕咕声，因为这些声音里几乎都包含了"o"的声音。随后，婴儿开始能够发出辅音，大约在4个月的时候出现了重复元音和辅音结合的声音的现象，被称为牙牙语，例如babababababaaa。

2. 理解单词与使用单词

大约8—12个月的时候，婴儿开始把词和对应的事物联系起来，并且能够理解主要照料者常说的一些词，比如"抱抱""躺下""闭上眼睛"。与此同时，婴儿开始使用非言语性的手势，比如用手指指向某个玩具表示让主要照料者帮助他获取玩具。大约在12个月的时候，婴儿开始可以说出第一个可识别的单词，但是这个单词的语音识别模式可能比较复杂，非主要照料者可能不能识别他说的单词的真正意义。

3. 词汇扩增与电报句

大约18—24个月时，幼儿开始急剧地扩大他们的词汇量，口语单词量从50个左右快速增加到800个左右，而且幼儿开始能够把两个单词放在一起形成一定的意义，例如"妈妈娃娃"，意思是让妈妈去把娃娃拿给她。这些句子结构不完整，但是却明确表达了意义，这种词汇组合一般被称为电报句。

4. 简单句与复合句

在电报句阶段，幼儿能够用词或者把两个词组合起来粗略地表达语义关系。下一步幼儿就要学会区别和表达意义的细微差别，也就是要精确地表达自己的想法。这就必须用到更多的词汇,将词按照一定的顺序组合起来,这样才能大大增加自己表达的精确性。大约在2岁以后,幼儿的话语中大部分都是完整句。到了3岁的时候,基本上全都是完整句,句法结构也越来越复杂,出现了越来越长的句子,最后出现了复合句,汉语儿童最早出现的复合句一般用"而且""和""还有"这些词相连接。大约在4周岁的时候,幼儿基本上已经能够很好地使用母语来表达自己的想法了。

婴幼儿的思维发展轨迹与语言发展轨迹直到2岁才出现了交叉,在此之前,二者的发展轨迹并不吻合。婴儿在3周时就能区别人的声音和其他动物或物品的声音,2个月时就能对人的声音作出社会性微笑。伴随着动作的发展,"言语前思维"也在不断发展,言语前思维发展的重要特征是,这种思维是随着动作发展的阶段而进行的。到了大约2岁时,幼儿意识到"每件物品有了自己的名字",这一伟大的发现标志着幼儿思维和语言的第一次交叉。掌握物品名称的发音,是语言发展的结果,而理解名称的意义,将名称与实物相联系,其实是赋予了该名称以意义,这是思维发展的结果。因此,当儿童意识到某个名称代表了相应的物品,就意味着儿童的思维和语言出现了交叉。

(三)内部言语对思维发展的决定作用

维果斯基不认同行为主义将思维与内部语言等同起来的观点,他认为婴幼儿语言的发展应该划分为三个阶段:外部语言阶段、自我中心语言阶段和内部语言阶段。外部语言阶段包括婴幼儿用各种哭声、手势、微笑、牙牙语、手势等来和周围的世界发生交互作用,表达自己的意愿。自我中心语言是不具备社会交往功能的独自语言,也称为独白。这个概念最早是由皮亚杰提出的。维果斯基发展了皮亚杰的概念,他认为"自我中心语言除了单纯的表达功能和类别功能,除了单纯地伴随儿童的积极活动外,很容易成为真正的思维。也就是说,它能负担计划活动,解决活动中产生问题的功能"。内部语言是通过积累漫长的功能和结构变化,从外部语言中分化出来的,实现了言语的内部操作过程。对内部语言的掌握标志着儿童掌握了言语结构,并最终成为他思维的基本结构。从此开始,儿童思维的发展依赖并取决于儿童语言的发展。

三、教学与发展的关系:最近发展区

为了进一步阐明教学与发展的关系问题,维果斯基创造性地提出了"最近发展区"理论。维果斯基认为,教学依赖正在成熟的心理功能,教学的可能性是由最近发展区决定的。他在《思维与语言》一书中写道:"对于最大限度地依靠认知机能和随意机能的学科,学龄期是教学的最佳时期,或者是敏感期。这些科目的教学也保证了处于最近发展区的高级心理机能发展的最优条件。"

如图6-2所示,儿童现有的、已经形成或者说能够独立完成的心理机能的发展水平称为"现有发展水平"。儿童在有帮助时能达到的解决问题的水平称为"潜在发展水平"。两个水平之间的差距就是"最近发展区"。形象地来

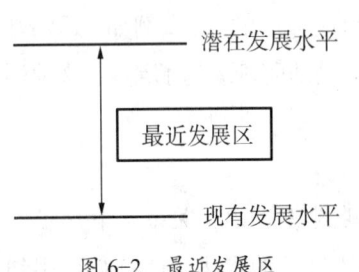

图6-2 最近发展区

说就是儿童"跳一跳能够到的"区域，稍高于他本身的水平，又不至于过分遥远。

维果斯基认为教学要走在发展的前面。他将儿童的学习分为三个阶段。第一阶段，幼儿在3岁以前按照自己的大纲进行学习，只做自己感兴趣的事情，属于自发型学习。例如儿童对语言的学习。第二阶段，3—6岁的学龄前儿童一方面遵从自己的兴趣，一方面受周围环境的影响而学习，属于自发—反应型学习。第三阶段，6岁以后的儿童则更倾向于反应型学习，愿意做成人让他做的事情。维果斯基认为，要发挥教育的作用，让儿童从自发型学习转变为反应型学习，这样才能最大限度地发展儿童的心理。

美国教育学家布鲁纳根据维果斯基的最近发展区理论提出了"支架式教学"的教育模式，又称为"鹰架教学"（Scaffolding Instruction）。该模式认为儿童的认知过程就像建造大楼，儿童的"学"就是建构的过程，教师的"教"则是脚手架。当儿童出现困难时，教师及时出现提供脚手架；当儿童的困难解决时，教师适时拆除脚手架。脚手架"存在—消除"就是教师"介入—退出"的变化。教师介入的空间则取决于儿童的"最近发展区"。这能够为儿童提供适时的支持，促使儿童主动而有效地学习。

案例6-1

支持幼儿学习与发展的"最近发展区"视角

无论是对科学概念的理解还是问题解决能力的提高，幼儿的发展都不是一蹴而就的，而是存在一定序列的"发展阶梯"的。与此相应，教师的支持理当顺应幼儿的发展规律，在鼓励自主探索的基础上，敏于观察并发现幼儿的最近发展区，提供适宜的教育支持。

案例中，嘉阳探索多米诺骨牌的历程（见图6-3）充分反映了幼儿问题解决能力发展的渐进性特征。而教师对嘉阳的观察引导也展现了基于最近发展区的适宜性支持。

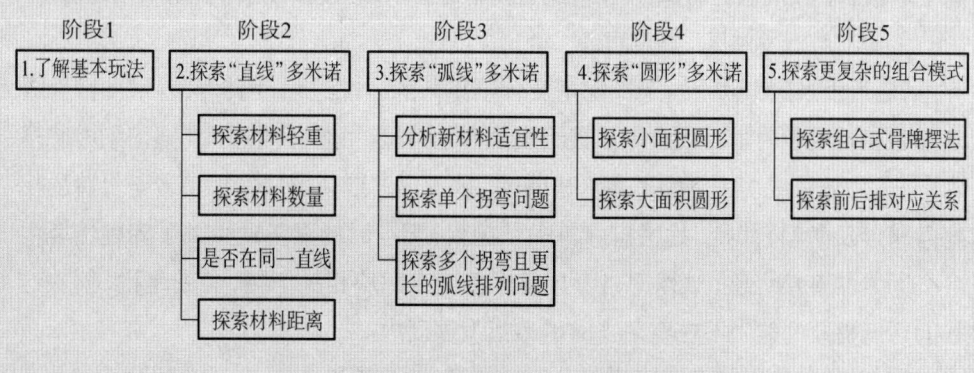

图6-3　嘉阳探索多米诺骨牌游戏的五阶段

- 从儿童的认知发展角度解析"玩"

我们聚焦17次游戏记录，以嘉阳的最近发展区为线索，重新划分出5个游戏阶段。为具体说明，我们取前三个阶段作重点分析。

阶段1：了解"多米诺"游戏的基本规则

第1次游戏中，通过教师示范和同伴介绍，嘉阳知道了多米诺骨牌"一个倒全部倒"的规则，并产生了探索的兴趣。但初探环形多米诺骨牌连遭失败，足见其尚未具备一次性解决拐弯问题的能力。此时，嘉阳尚缺少解决多米诺相关问题的直接经验和认知准备（解决环形多米诺骨牌一个倒全部倒的问题，需要综合并恰当考虑骨牌与骨牌之间的位置关系、间距等多个因素）。

阶段2：解决单个因素的问题

第2次、第3次游戏中，教师没有强行教授解决策略，而是耐心等待与观察，为嘉阳充分与自由的探索创设了条件。在这段时间内，嘉阳逐一解决了"重量、数量、线性排列、间距"等单个因素的问题。可见，幼儿有主动探索的意识，但是探索能力的发展是循序渐进的。在探索初期，幼儿能理解和善于解决单个因素的问题。因此，对于此时的嘉阳而言，解决多米诺骨牌的单一因素问题处于其当前的最近发展区。

阶段3：解决设计两个因素的问题

第4—第6次游戏中，当嘉阳积累了解决各个单因素问题的充足经验后，他开始主动综合运用这些经验，解决同时涉及两个因素的问题——如综合关于"间距"和"线性排列角度"的经验解决多米诺骨牌的环形拐弯问题。从发展序列来看，解决单因素问题是解决双因素问题的基础，多米诺环形拐弯问题可被视为幼儿解决单一因素问题之后的最近发展区。

以上三个阶段，反映了幼儿认知发展和问题解决的一个基本特点。当一个任务需要幼儿同时综合两个或两个以上因素时，通常这个问题对幼儿来说相当有难度。从幼儿的认知特点来看，需先探索并了解一个因素的特点。当其对一个因素的相关问题有了足够的直接经验之后，幼儿才能结合两个或两个以上因素，思考并解决问题。

- 从"最近发展区"角度再察"学"

"最近发展区"理论的阐释视角契合于嘉阳的游戏过程，同样可以帮助我们看清嘉阳在游戏中的学习线索。从最近发展区的角度，我们不难理解"嘉阳刚知晓基本玩法时，无法成功推倒圆形多米诺骨牌"的原因。成功解决圆形多米诺骨牌的拐弯问题涉及材料、间距、线性排序等多个因素，而当时的嘉阳缺少关于问题情境中各个因素的直接经验，难以同时考虑多个因素来解决相关问题，也就是说，解决这一问题所需要的能力不在嘉阳当时的最近发展区内。

那么，什么样的探索情境才符合他的最近发展区呢？

那就是对某个单一因素的探索和理解。正如案例所示,嘉阳在之后的探索中逐一解决了"重量、数量、线性排列、间距"等几个单一因素问题。从这些单因素问题中所获得的经验为他顺利解决圆形多米诺骨牌问题奠定了基础。换而言之,解决单因素问题是其最初水平的最近发展区,而在解决这些单因素问题的过程中所获得的能力,又成为"下一个最近发展区——综合多个因素来解决问题"的基础。在幼儿科学概念的理解与问题解决能力的发展过程中,教师应当相信幼儿作为积极探索者的能力,同时也要善于观察、善于站在幼儿的立场上对其发展水平和能力进阶进行适宜的分析,只有这样教师才能为幼儿的发展提供适宜的台阶(鹰架)。

应该说,本案例是最近发展区理论应用于教育实践的一个很好的范例,既体现了了解幼儿学习与发展过程的重要性,也提示着我们以最近发展区为切入口,有效联结幼儿观察与教学支持的重要性。为幼儿提供适宜的教育,教育者应当心存目标,更应强调幼儿学习的过程!

当然,在教育实践当中,对幼儿的自由探索不够尊重,急于求成,只重结果不重过程,忽视对幼儿的观察,找不准最近发展区等现象还很常见。对于教师而言,重视对幼儿最近发展区的观察与了解,以此考察和支持幼儿的学习与发展,使最近发展区理论在提升教育质量的过程中发挥应有作用绝非易事,亦难一蹴而就。这也恰恰说明研究幼儿、理解幼儿并支持幼儿发展,任重而道远,是新时期幼儿教师专业能力提升的重要方向。

(资料来源:郭力平,蒋路易.支持幼儿学习与发展的"最近发展区"视角[J].学前教育,2017〈04〉:28—29.)

教师应了解婴幼儿所处的发展阶段,把握婴幼儿的现有发展水平从而充分调动其已有经验,做婴幼儿的支持者、引导者,提升其经验,帮助他们跨越"最近发展区"以达到潜在发展水平。案例从"最近发展区"的视角分析了幼儿的玩与学,对如何支持幼儿的学习与发展进行了深入的思考和积极的尝试。

第三节　对社会文化历史学派的评析

一、贡献

(一)开创了辩证唯物主义的心理学体系

维果斯基是历史上第一个自觉运用辩证唯物主义和历史唯物主义的观点建立起比较完

整的心理学体系的学者,他的发展理论体系还获得了学术界的公认。

首先,维果斯基批判了生物学上自然主义的人的观点,用社会文化历史发展观来看待人的发展,将人的发展置于社会文化环境中加以考量。他提出了两条不同的发展路线:一条是生物进化的路线,形成了低级心理机能;另一条是社会文化历史的发展路线,形成人的高级心理机能。在高级心理机能的形成过程当中,社会生活和人际交往决定人基本的心理结构,而无论是社会生活还是人际交往都是以劳动为基础的,劳动的基本特征就是使用工具。在马克思、恩格斯看来,是否会使用工具是人和动物的根本区别。因此我们可以看到,维果斯基的理论是建立在马克思主义哲学的基础之上的。

其次,在语言和思维的关系的研究上,维果斯基指出,两者有着不同的发生根源和发展轨迹,但是两者又是相互交织的。他认为思维和言语是理解人类意识本质的钥匙,指出社会文化对思维的发展具有制约性,而且思维发展也有其历史的根源。

应该承认,维果斯基学说的这些观点都是在其自觉运用辩证唯物主义和历史唯物主义的基础上提出的,他力图在心理活动和物质活动之间建立起内在的逻辑联系,这种尝试正是维果斯基理论的出发点。

(二)辩证地看待教学与发展的关系,对早期教育颇具启示作用

实践证明,维果斯基的"最近发展区"理论符合儿童的身心发展特点和学习特点。他强调"教学走在发展之前",肯定了教师的作用,促进了教学改革,对心理学和教育学的发展画下了浓墨重彩的一笔。

关于教学与发展的关系问题,不同的发展观历来都有不同的看法。第一种发展观认为教学本身对发展显然是不能起到推动作用的,这种观点的主要代表人物就是皮亚杰。他们认为,儿童的发展并不依赖于教师,相反,教学的成功与否建立在儿童的成熟水平之上,教育本身并不参与儿童的发展,也不会改变儿童发展的速率。从某种意义上说,儿童的学习水平反映的是他的成熟水平,发展决定了教学。第二种发展观与第一种完全对立,认为教学就是发展。持这种观点的行为主义者指出,发展与教育是两个平行进行的过程,通过教育我们能够促进发展,通过教学让婴幼儿掌握的内容就是他们的发展水平。针对这两种截然相反的发展观,维果斯基指出确实存在一个最低的教学临界线,在这条线外教学就是不可能的了。教学依赖的是正在成熟的心理功能,教学的可能性是由最近发展区来决定的。通过帮助儿童达到高于他成熟水平的发展水平,从而使得教学成为促进儿童发展的重要途径。应该说维果斯基的教学发展观相比于前面两种发展观更具辩证性。

(三)强调文化和社会因素对发展的影响

维果斯基的理论强调儿童生活的文化环境对儿童发展的影响,这一观点深深影响了儿童发展理论。近年来,越来越多的发展领域的研究集中在对发展中广泛的文化差异的比较,例如在某种文化中儿童的动作发展或者智力发展是否会优于另一种文化中?不同文化的价值观、信念、习俗和社会技能对儿童发展有什么影响?这些课题的研究成果有助于我们更好地解读儿童发展的各个侧面,帮助教育工作者在儿童自身发展和社会适应之间达成平衡。

近年来,越来越多关于社会文化如何影响儿童发展的研究结果表明,每种文化中儿童的发展均具有独特的优势。该结论为如何吸取国外的教育理念,使之能够为我们文化中的儿童服务,提出了一个值得思考的问题。

二、局限性

维果斯基过于强调两种心理机能的划分,将自然过程与文化历史过程对立起来,这是不妥的。他把教学看成是发展的决定因素,忽视了学习者的主观能动性。另外,虽然"最近发展区"理论一经提出备受追捧,但在实际教学中人们发现最近发展区具有动态性和个体差异性,教师难以客观、准确地测量每一个学生的水平。这也阻碍了"最近发展区"理论真正付诸教学实践。

本 章 小 结

本章主要讨论了社会历史学派的代表人物和基本观点。社会文化历史学派也称为维、列、鲁学派,其代表人物是苏联心理学家维果斯基、列昂节夫和鲁利亚。本章重点围绕维果斯基的理论观点展开。

维果斯基认为,心理发展的实质是低级心理机能向高级心理机能的转化。儿童与其所处的社会文化是不可分割的一个整体,发展是在环境与教育的影响之下,并受社会文化历史发展规律所制约的。在思维和语言的关系上,二者有着不同的起源和发展轨迹,既相对独立又相互交织,内部言语对思维发展有决定作用。

维果斯基创造性地提出"最近发展区"理论来阐述教学与发展的关系,美国教育学家布鲁纳根据其理论提出了"鹰架教学"。

延 伸 学 习

拓展阅读

维果斯基论游戏

维果斯基对幼儿游戏的研究并不为人所知。维果斯基认为游戏是一种心理现象,并且在儿童发展中具有重要作用。通过游戏,孩子发展出与游戏的具体内容分离的抽象思维,而抽象思维是高级心理功能发展的一个重要特征。

维果斯基通过一个想骑马但不能骑马的孩子的例子来说明游戏如何促进婴幼儿思维的发展。如果孩子不满三岁,他想骑马,但是显然他不能,于是他也许会一边哭,一边生气。但如果孩子的年龄已经在三岁左右,那么他和周围世界的关系就发生了变化,三岁以后的"想骑马"可以通过想象来进行。对那些无法实现的事情的解释可以是想象的、虚幻的实现无法实现的欲望。想象是一种新的形态,它不存在于非常年幼的孩子的意识中,在动物中更是完全没有。因此,想象代表了人类意识活动的一种特定形式。就像意识的所有功能一样,它最初是从行动中产生的。

孩子想骑马但不能骑,于是他拿起一根棍子跨着它站着,假装骑着一匹马。众所周知,是头脑中的观念决定了人的行为,而不是具体的物体决定了行为。对于一个孩子来说,从一个物体中抽取出一个单词的意思是非常困难的,游戏就是帮助孩子实现这个目标的过渡阶段。在关键时刻,一根棍子,即一个物体,成为现实与想象的枢纽,同时它决定了孩子与现实的关系,棍子就是一个支点。

随着年龄的增长,他们对支点(如棍棒、洋娃娃和其他玩具)的依赖程度降低。他们将这些支点内化为想象力和抽象概念,通过这些概念他们可以理解整个世界。维果斯基说:"儿童游戏就是行动中的想象,这一古老的格言可以逆转:我们可以说,青少年和学童的想象是没有行动的游戏。"

维果斯基提到的游戏的另一个方面是社会规则的发展。维果斯基用他的两个姐妹玩姐妹游戏的例子来说明。当孩子们在玩过家家游戏时,她们接受不同家庭成员的角色,此时在日常生活中不被注意到的家庭成员间的行为规则(如妈妈和姐姐、姐姐和妹妹之间的服从关系)在游戏中明确地呈现出来。社会规则也是如此,例如,当一个孩子站在赛跑的起跑线上时,她很可能希望立即跑,以便先到达终点线。但是鉴于她对游戏中所包含的社会规则的了解,以及她喜欢游戏的愿望,使她能够调节自己最初的冲动,等待开始的信号。在这个过程中,她实现了自我调节。

（资料摘译自：Vasta：Six theories of child development，
Jessica Kingsley Publishers Ltd.，1995.）

 学习活动

利用实习的机会,到幼儿园中选择一名幼儿,观察记录其学习过程。尝试运用鹰架理论思考：如果你是一名幼师,你会为这名幼儿提供怎样的教育支持？

复习与思考

1. 维果斯基的理论中,辩证唯物主义观点体现在哪些方面？
2. 比较维果斯基理论与皮亚杰理论的异同,尤其是在早期教育观念上的异同。

第七章　习性学的发展理论

学习目标

1. 了解习性学的概念及其理论背景。
2. 掌握关键期理论、依恋理论、同伴的相互作用理论的基本观点。
3. 学习运用依恋理论分析和处理幼儿教育中的具体问题。

第一节　习性学的发展理论背景

习性学是生物学的一个分支,研究物种在自然环境中进化的、有意义的行为。习性学主张把人类置于动物世界这一广阔的背景中加以研究,因为习性学家认为人类只是巨大的、不断进化的动物世界中的一个很小的部分。当然,大部分习性学家并不研究人类行为,但他们的研究对发展心理学具有深远的影响。

习性学的发展可以追溯到达尔文的进化论。达尔文提出了"物竞天择,适者生存"的进化论观点。他认为每个物种的存在都是自然选择的结果,能够适应环境的身体结构和物种会被保留下来,否则就要灭亡。习性学家则是在达尔文的基础上,强调某种行为如何促进物种对环境的适应,也就是哪些行为能够增加生存的机会,哪些行为能够适应环境的变化并通过基因传递给下一代,有利于物种的生存。他们会从生物进化的角度对一些行为作出解释,他们认为动物的任何行为都表现出了对环境的适应,他们能够积极地调整自己的行为,使自己更好地适应环境,那些无法增加自己生存机会的行为就会减少直至消失。

习性学作为一门独立的学科诞生于20世纪30年代,创始人是奥地利的洛伦兹和廷伯根。他们把动物看作是生活在特定的生态小环境中的积极有机体,而不是传统学习理论所认为的那种被动接受刺激的消极有机体。习性学主要研究动物所具备的共性而非个性,更关注动物行为背后的意义与价值。

洛伦兹在长期观察研究鹅类动物的习性之后,提出了一系列习性学的重要概念,如印刻效应、本能释放物、本能释放机制。1931年,他发表了《社会性鸭科动物习性学研究的新贡献》一文,被认为是现代习性学的开山之作。他的其他著作也颇负盛名,例如《鸟类的

社会行为》(1935年)、《所罗门王的指环》(1949年)、《人与狗》(1950年)、《攻击的秘密》(1963年)、《文明人类的八大罪孽》(1973年)和《雁语者》。由他的著作可以看出,洛伦兹在他生命的后期开始关注人类行为和人类文化。同时他也继续进行着他对动物的行为学研究。他在退休后养了100多只雁鹅,他一生最后的著作《雁语者》就是关于这些雁鹅的故事。洛伦兹是真正运用进化论理论对人类行为进行解释的心理学家,而其他进化心理学家则是在洛伦兹的基础上,将进化论思想运用到对人类行为的解释上。

廷伯根从小就喜欢大自然,对观察动物有着浓厚的兴趣,他在莱顿大学任教期间一直从事着对动物行为的研究。除此之外,他在推广动物行为学方面也作出了很大的贡献,除了撰写著作《燕鸥的世界》《好奇的博物学家》和《动物的社会行为》之外,他还通过电影《求生的信号》来传达动物行为学的知识。

廷伯根与洛伦兹一样,都非常喜欢观察动物并花费了许多时间来研究动物,但他与洛伦兹有些不同。洛伦兹一生饲养了很多动物,并且对这些动物存有很浓厚的感情。廷伯根则是以一种更为客观的态度来对待野生动物,他坚持观察动物要在自然的状态下进行,避免自己与动物之间的感情影响研究结果。在研究方法上洛伦兹偏向于在经验的基础上通过直觉进行大胆的猜测和判断,廷伯根则是通过缜密的实验来研究某一问题。在写作风格上,两人也有很大的不同。洛伦兹喜欢使用活泼的语言风格,每一个动物的行为都能通过非常明白的语言像讲故事一样娓娓道来,廷伯根的文笔则显得更为清晰简洁,他会用严密精确的语言来论证他的每一个观点,并举出大量的实例来佐证。1974年,廷伯根、洛伦兹及弗里施一起获得了首次颁发给行为学研究的诺贝尔生理学或医学奖,他们的获奖题目是"在有机体与个体发生以及社会行为模式方面的若干发现",标志着习性学具有无可争议的重要地位。

> **拓展材料**
>
> ### 杠上三刺鱼的廷伯根
>
> 1907年4月15日,廷伯根出生在荷兰海牙市郊区的一个普通家庭。受周围环境的影响,廷伯根从小就对动物很感兴趣。其中,他最喜欢的动物是生活在他家附近小河里的一种小鱼。这种鱼长着鲜红的肚子,背上插着三根硬刺,人们叫它三刺鱼。

廷伯根把三刺鱼养在玻璃缸里。鱼缸里的小鱼们三五成群，或觅食，或嬉戏，生活得十分快乐。每天起床后，廷伯根做的第一件事就是看鱼。

一天早上，廷伯根穿着红背心走到鱼缸旁，一条肚子特别红的三刺鱼发现了他。廷伯根走到鱼缸左边，它就跟到左边，廷伯根走到右边，它就跟到右边。廷伯根围着鱼缸转了一圈，那条三刺鱼也跟着转了一圈。"你饿了吗？"廷伯根弯下腰，和小鱼打招呼。可是，就在他把脸凑向鱼缸的一刹那，可怕的事情发生了，那条鱼"嗖"地跃出来，一下扎到了廷伯根的脸颊。廷伯根疼得眼冒金星，拿出镜子一照，呀！腮帮子上扎出了三个粗粗的针眼。"可恶的家伙，我又没招惹你，你干吗扎我？"廷伯根围着鱼缸，找那条发疯的小鱼。可是，那条小鱼早就钻进水草里不见了。

廷伯根以为事情就这样过去了。可是，第二天当他走到鱼缸边，那条三刺鱼又跃了起来，幸亏他早有准备，才没有被扎到。第三天、第四天、第五天……那条三刺鱼好像故意跟廷伯根过不去，总是想找他的茬儿。它为什么变得这么不友好呢？

为了弄清这个问题，廷伯根把那条"不友好"的三刺鱼捞出来，单独放进了一个鱼缸里。那条三刺鱼进入新的环境后，立刻忙活起来。它分泌出一种黏液，把水底的沙土、水草粘在一起，隆成一个小丘，然后从中挖出一条隧道，做了个窝。"这条鱼想干什么？"廷伯根问爷爷。爷爷是经验丰富的老渔民。"哈哈，它想当爸爸了，快把它放回河里吧！"爷爷指着鱼窝说。"才不放呢，我要让它吃点儿苦头！"

廷伯根把其他鱼放回河里，让它们结婚生子，繁衍后代，唯独留下了那条"不友好"的鱼。为了给它找个伴，他用木头刻了条鱼放进鱼缸里。可是，三刺鱼就像没看见一样。"看来，你嫌她不够漂亮啊！"廷伯根把木头鱼捞上来，给它涂上一身红色的油漆。这回，他刚把木头鱼放进鱼缸里，那条三刺鱼就像发现敌人一样，猛地冲出来，疯狂地向木头鱼进攻：顶翻，再顶翻，再顶翻……直到把自己累得精疲力竭才罢休。"原来它对红色这么敏感！"廷伯根想起那天他穿着红背心，遭到进攻的情景了。接下来，他又拿来红帽子、红围巾、红袜子做实验，每次三刺鱼都是如临大敌。"三刺鱼的行为可真有趣！"廷伯根像发现了宝石一样，惊喜万分。

廷伯根喜欢动物，一心想成为动物学家。长大后，他去了莱顿大学读博士。在那里，他继续研究三刺鱼，发现了更多有趣的行为。不仅如此，他还发现了三角泥蜂是通过辨识地面标记而得以返回巢穴的秘密。而且他与别人合作，发现了不同的鸟卵模型对鸟妈妈、鸟爸爸的刺激作用。1974年，由于在行为生物学上作出的贡献，他和洛伦兹、弗里施一起，获得了诺贝尔生理学或医学奖。廷伯根也因此成了现代行为生物学的重要奠基人之一。

（资料来源：周君祥. 杠上三刺鱼的廷伯根[J].
科学启蒙，2016〈9〉：58—59.）

第二节　习性学发展理论的基本观点

在本节中，我们将介绍习性学中影响比较广泛的三种理论：关键期理论、依恋理论和同伴的相互作用理论。

一、关键期理论

（一）关键期与敏感期

关键期是习性学家洛伦兹提出的一个重要概念。在了解关键期之前，我们先来了解一下什么是印刻。刚出生不久的小动物会追随它第一眼见到的活动的、具备某一特征的生物，这个现象就叫作印刻。例如：你在刚出生的小鸭面前模仿鸭子摆动双臂、摇摇摆摆地走路，小鸭就会把你当成自己的妈妈，一直跟随你，与你建立依恋关系。等它到了性成熟期，它会向人类而不是自己的同类求爱。印刻现象只能在一定时期内发生，比如山羊是在出生后的5分钟内，小鸡是在出生后的10—16小时内。印刻现象发生的时期就称作印刻关键期。洛伦兹认为印刻现象只能发生在它的关键期内，超出关键期，印刻现象便不能发生了。但是到了20世纪70年代，有人研究发现，在印刻关键期之后如果长时间呈现某一刺激，印刻现象也能发生。那也就意味着，关键期的后果是可以通过一定的刺激来改变的。

在胚胎学中，关键期也是一个十分重要的概念。一个孕妇服用一种药物是否会对胎儿造成严重的影响取决于胎儿当时正处于哪一个发展阶段，若恰好是神经系统发育的关键期，那么一定会对胎儿造成比较大的影响。

对于关键期的理解，目前有两种解释。一是把关键期看成一段时间，在关键期这段时间内可以学习某一技能，超出了关键期则不能学习。另一种解释是把关键期理解为学习水平，在关键期内可以达到较高的水平，或者能够快速达到较高水平，超出了关键期则不容易达到这一水平，或者需要花费大量时间才能达到这一水平。目前越来越多的人也把某一技能快速发展的阶段或某一水平最高的阶段称为敏感期，用来取代关键期，避免歧义。

在教育学中，蒙台梭利最早提出了与关键期很类似的概念——敏感期。现在人们普遍认为，敏感期这一术语比关键期更适用于人的发展。敏感期是指某些能力出现的最佳时期，在这个时间内，个体特别容易受到环境的影响。

蒙台梭利在《有吸收力的心灵》一书中说道："儿童在发展中有一个敏感期，在这个时期，儿童体内含着生机勃勃的冲动力，这种冲动力让他产生了惊人的举动。……在敏感期里，儿童学东西的速度特别快，他以一种特有的强烈感觉接触外部世界，对一切都充满了激情，由此获得了一项又一项突出的成就。"由此可知，在敏感期内，只要环境与儿童对某种敏感事物的要求协同一致，该种能力就会自然地、完美地发展。

儿童语言的获得就是对敏感期的有力证明。儿童在出生后的第一年末开始学习语言，他们能在短时间内迅速掌握大量词汇，并且在适合的语境内准确地使用。那是因为孩子在这个阶段对语言特别敏感，环境如果能够给予充足的语言刺激来满足孩子的需求，那么孩子就能在语言习得这一技能上得到快速的发展。随着蒙台梭利的教育理念在世界各地兴起，越来越多的人接受了"敏感期"这一概念，用敏感期来代替关键期。

（二）敏感期的特征

1. 暂时性

蒙台梭利认为敏感期是一种与成长密切相关的现象，并和一定的年龄相适应，它只持续一段短暂的时期，一旦消失就永远不可能重新出现。由此，蒙台梭利认为如果不能有效地利用敏感期而虚度这一时光，宝贵的敏感期就会在未成熟的状态下稍纵即逝，造成儿童发展方面的种种障碍，使其无法达到完全的发展。她同时还指出能够充分利用敏感期的情况并不多见，绝大多数儿童在没有觉察和未充分利用敏感期的情况下就已经定型了。这种未能充分利用敏感期的情况对于人类的发展来说是极大的遗憾和损失。

2. 受环境的影响

在蒙台梭利眼中，环境对敏感期而言是另一个重要的因素，是儿童心理发展的必要条件。在敏感期内，只要环境与儿童对某种敏感事物的要求协同一致，该种能力就会自然地、完美地发展；而如果环境与儿童对某种敏感事物的要求相背离，该种能力就不会得到良好的发展。因此，蒙台梭利认为教师要善于辨别环境是否适应了某种敏感能力的要求，从而更有效地利用各种敏感期。

（三）婴幼儿发展中几个重要的敏感期

1. 外部秩序敏感期

蒙台梭利认为，秩序的敏感期在出生的第一年里就已经出现了。婴儿经常莫名烦躁，尽管他所有的日常需求都已得到了满足，但可能只是一件物品的错误摆放就能导致他的烦躁不安。在《童年的秘密》一书里有个案例：将一把阳伞带进六个月大婴儿所躺的房间里。这就使孩子变得很烦躁，直到妈妈把阳伞拿走之后孩子才平静下来。如果成人没有意识到孩子对秩序的要求，就无法帮助他，尤其是当孩子还不能用言语来表达苦恼的时候。

秩序在婴儿知觉环境中的重要性不言而喻。一个简单布置的房间，放置一些能激发孩子兴趣的物品和图画就能提供一种安全感。孩子会学着辨认，并通过他熟悉的物品进行自我定位。家庭里的每日常规也能满足孩子对秩序的需求。举例而言，当孩子学会辨认炉子上的锅发出的声音时，他就知道这是准备午餐的信号，当他听到放洗澡水的声音时，他就知道自己要去洗澡了。

秩序的敏感期在孩子两三岁的时候还在继续发展，它的表现形式变得更加明显，也更容易被成人辨认出。举例而言，我们会发现18个月大的孩子很喜欢把木块摆放成一条长线，如果这条长线被打乱，他就会变得非常烦躁。而且孩子会把玩具小汽车，甚至鞋子也用相似的方式摆放。这个时期，"有准备的环境"变得尤为重要。

2. 内部秩序敏感期

除了外部秩序外，孩子也同样具有内部秩序，这是他能认识身体的不同部位和各部位之间相互关系的根源。这种敏感性被蒙台梭利称为"内部定位"。她举了个例子来说明：一个新接任的保姆进入家庭，严重打乱了孩子的洗澡时间。直到旧保姆度假回来，这个接任者才意识到她没有遵循准确的洗澡时间，也没有按照正确的顺序来清洗孩子身体的不同部位。

正是对秩序的敏感性使得孩子在老师演示一种教具的时候能专心致志地观察：老师的动作那么有秩序，清晰而准确，她是用一种合理的方式来操作的。环境中的秩序帮助孩子发展自己组织思想的能力，最明显的表现就是孩子意识的增长。

在蒙台梭利看来，如果儿童在秩序的敏感期内形成了良好的秩序感，那么他终生都将是一个规范、有序、温和的人。反之，如果错过了秩序的敏感期，再想培养一个规范有序、有条不紊的人就会变成难以企及的事情。

> **案例 7-1**
>
> 两岁的朵朵正在玩具房的地板上玩雪花片，妈妈叫她一起下楼散步，于是她放下手中的雪花片和妈妈下楼了。奶奶看到满地的雪花片非常乱，就想着把玩具整理一下。她拿来了一个盒子，把所有的雪花片都放进了盒子里。等朵朵和妈妈回到家，朵朵发现雪花片不在原来的地方了，得知雪花片全部被奶奶放到盒子里了，朵朵一下子就大哭起来，情绪非常崩溃，任凭妈妈和奶奶怎么哄也哄不好。
>
> **案例分析**
>
> 案例中的朵朵由于奶奶把她的雪花片收起来了而感到难受、情绪崩溃，原因是两岁的朵朵正处于秩序敏感期。玩具房本来就是朵朵的领地，什么玩具放在什么地方朵朵都有自己的安排和习惯。奶奶帮忙收拾玩具打乱了朵朵自己的秩序，改变了环境，使得朵朵没有安全感而感到害怕、哭泣。对于秩序敏感期的孩子，成人要尽量尊重孩子内在的秩序安排，可以多询问孩子自己的意见，避免过度干涉。

3. 细节的敏感期

对细节的敏感期也是开始于孩子出生的第一年。你是否注意过会爬的婴儿收集地毯上的绒毛团？18个月以后的孩子经常表现出对细节的关注。和这个年龄的孩子一起阅读，对成人而言是一项非常有意思的活动，因为孩子会突然指出藏在草丛里的一只小蚂蚁，或者是插图底部的一艘小船。同样的敏感性也表现在孩子出去散步的时候，他们会经常停下来寻找地上的小石子，或者注意到高空中的一架小小的飞机。对细节的敏感性能帮助孩子记住许多步骤，而这些步骤都是他期望在日常生活的实践中去操作的。

蒙台梭利认为,这种对细节的关心不仅使儿童有选择地注意周围的环境,而且能引发幼儿的有关活动,从而使幼儿的感觉更加敏锐。她认为儿童在这个敏感期内,可以毫不费力地学习几何形体,辨别颜色、方向、声音的高低,以及字母的形体等。而这些均可以为以后更高层次的智力发展奠定基础。

4. 语言的敏感期

蒙台梭利认为,语言的敏感期是从出生后2个月开始到8岁。其中1—3岁是对语言最为敏感的时期。在最初的语言学习中,当孩子听到大人说话时,首先是觉得有一种快乐的音乐环绕着他,他在听的时候就忽略了其他的声音。渐渐地,他开始区分和辨认不同声音的组成。当大人明确地和他说话时,他会愉快地微笑。他的快乐通过舌头和咽喉部位的一些微小的肌肉运动来表达。这些肌肉开始振动,发出咿呀的声音。接下来,孩子开始意识到他自己发出的声音,他开始听,边听边重复,渐渐地能控制发声器官。再后来,他开始组织音节来表达一定的意思。最后,他能够在思维的指引下用词语有意识、有目的地表达自己。当孩子能够模仿复杂的句子结构,并掌握复杂的语法形式和谈话技巧的时候,基本上就掌握了一门语言。

5. 运动的敏感期

蒙台梭利认为,运动的敏感期处于出生到4岁之间。在这一段时期内,儿童先是喜欢爬,然后是学习行走。到1.5—3岁时,他们通常喜欢抓握东西,如打开、关上、放进、拿出、搭好、推倒等。到4岁左右时,儿童又喜欢闭着眼睛,靠手触摸来辨认物体,并用手和身体做各种较为复杂的动作。她指出,如果能在这一时期完全熟练某一动作,不仅对身体、对精神的正常发展有所帮助,甚至对儿童的人格形成也有影响。

6. 文化的敏感期

蒙台梭利认为,所有的孩子天生就带有对祖国的一种特殊的爱。如果父母和祖父母会唱民歌,唱摇篮曲,并和孩子一起唱童谣,做手指律动,这种爱就会增强。事实上,这些活动都是向孩子介绍自己国家文化的第一步。

二、习性学的依恋理论

（一）依恋与依恋行为

在20世纪50年代,英国的精神病学家鲍尔贝进行了关于依恋的研究。他认为依恋是一个持久的情感联结,这种联结是为了寻求和维持与某个特定的对象的亲近关系,比如婴儿在独处或者和陌生人在一起时,会哭泣、叫喊,从而吸引成人来满足自己的各种需要,同时成人也需要对这些信号作出适当的反应,这就形成了依恋。依恋理论包含了许多习性学理论的特点,比如他强调依恋是一种先天行为,即使母亲打婴儿,婴儿对母亲的依恋也是存在的。另外,他强调了父母与孩子之间的相互作用,孩子对父母的依恋与父母对孩子的照顾跟自然界中的动物的行为是一致的。人类的婴儿与其他哺乳类的婴儿一样,有大大的眼睛和圆圆的脸蛋,这种可爱的模样能够激发成人的照顾行为。这一研究为鲍尔贝在习性学领域奠定了基础，使他成为一名习性学家。也正是鲍尔贝把习性学和心理学正式联系在了一起，他用习性学的观点去解释人类的行为发展，尤其是婴幼儿的行为发展，解决了发展心理学和比较心理学中的许多问题，可以说习性学理论在心理学的应用已经越来越广泛了。

依恋是亲子之间亲密的、持久的情感关系。依恋关系会使儿童不自觉地想要亲近依恋对象，在感到危险的时候会寻求依恋对象的帮助，使儿童获取足够的安全感和信任感。儿童在婴儿时期不单单可以与母亲建立起依恋关系，还可以与其他亲密稳定的养育者建立依恋关系。儿童早期建立起来的依恋关系是极其稳定的、不易打破的。

依恋可以通过依恋行为来维持。依恋关系一旦建立起来，婴儿就会形成一套特有的行为系统。在所有的依恋行为表现中，尤为重要的是姿势的调整、注视和依偎。姿势的调整指的是母亲对婴儿哺乳或者父母拥抱婴儿时的姿势的相互调整。舒服的姿势、利于情感交流的目光注视，以及适当的依偎可以给婴儿带来安全感和信任感，这三种行为对婴儿来说是建立依恋关系的重要途径。

（二）依恋的发展阶段

1. 无分化阶段（0—3个月）

此阶段的婴儿会对周围的环境进行探索，他们的行为大都为先天反射，不需要大脑记忆中枢的参与，例如眨眼反射、缩手反射等，这是人类长期进化过程中形成的本能反应。他们在这个阶段对母亲的反应方式与对其他人的反应方式是一样的，当婴儿啼哭时，母亲和其他人去拥抱他、安抚他的效果是一样的，类似的反应和行为没有出现明显的分化。

2. 低分化阶段（3—6个月）

这个阶段的婴儿能够识别陌生人和身边熟悉的人的差别，表现出对母亲的偏爱，区分母亲和其他人的不同，但同时不排斥其他人。比如当陌生人想要去拥抱或者逗弄婴儿时，婴儿不会表现出明显的抗拒，就是我们俗话说的"不认生"。

3. 依恋形成阶段（6个月—2.5岁）

在这一阶段，婴（幼）儿会通过主动的运动行为对依恋对象（多为母亲）发出亲近的信号，比如主动向依恋对象索要拥抱。当依恋对象与陌生人同时在场时，婴（幼）儿会明显地选择亲近依恋对象，依偎在依恋对象身旁。

这个阶段的婴（幼）儿出现了"目的—矫正"行为。在日常生活中，婴（幼）儿与依恋对象之间形成了一些特定的亲近行为，婴（幼）儿能够通过习惯对成人的行为产生预期。比如母亲下班回家通常都会先放下东西，紧接着就去拥抱婴（幼）儿，婴（幼）儿在听到母亲回家开门的声音后，就会预期到母亲的拥抱，他会主动爬向门口接近母亲。

4. 修正目标的合作阶段（2岁半以后）

这个阶段的儿童自我中心意识减少了，他能够站在母亲的角度看问题，推测母亲的感受与想法，从而决定采取什么样的策略来影响母亲的行为，使母亲的行为和自己的期待达成一致，完善了对母亲的理解。比如儿童看到母亲下班回到家非常疲惫，他能够感知到母亲的疲惫和辛苦，给母亲倒一杯水喝，或给母亲捏捏肩，让母亲感受到自己对她的关心，然后再提出让母亲陪自己玩一会儿的要求。

（三）依恋的生物功能

1. 保护作用

依恋关系可以给儿童提供保护。当儿童感觉到危险或者危险实际发生时就会寻求依恋对象的帮助与支持,让自己在危险的时候得到保护。若儿童没有可依恋的对象,就会比较容易受到伤害,比如被拐卖、虐待。

2. 相互适应的功能

儿童与依恋对象有一个相互适应的关系。若是在适宜的环境下（有固定的照料人）成长的儿童,他的社会性发展就会比较好。反之,则可能导致异常发展。比如从小就在托幼机构中成长的儿童,没有固定的照料人对其进行照顾,他就难以与成人形成依恋关系。所以儿童需要在适宜的环境下才能表现出依恋行为,进而发展出依恋关系。

（四）依恋的行为系统

鲍尔贝提出的依恋理论的一个重点就是行为系统。他认为婴幼儿有四大行为系统,分别是依恋行为系统、警觉—恐惧行为系统、探索行为系统和交往行为系统。

1. 依恋行为系统

这一行为系统能够保证协调婴幼儿获得并保持依恋行为,它由两个子系统组成,分别是固定—反应行为系统和目标—矫正行为系统,它能起到生物保护作用,为婴幼儿的生存提供最大的可能性。

2. 警觉—恐惧行为系统

该行为系统是指婴幼儿在遇到危险或见到陌生人时,产生警惕、回避等行为反应,这也具有自我保护的作用。当婴幼儿能够走路以后,他的运动范围越来越大,警觉—恐惧的行为表现会更频繁和明显。直到他开始进行交往行为以后,警觉—恐惧的行为才会减少。

3. 探索行为系统

顾名思义,探索行为就是对周围的环境进行探索的行为。随着幼儿年龄的增大,他可以离开依恋对象的时间会加长,从而更好地去探索新的环境。若是新环境使他感到危险,他就会停止探索行为,回到依恋对象身边。

4. 交往行为系统

婴幼儿不仅与依恋对象保持了稳定的依恋关系,随着年龄的增长,他还需要接触更多依恋对象之外的人,与他们进行交往。这个系统的建立为婴幼儿的社会性发展奠定了基础。

这四个行为系统不是完全独立工作的,而是互相牵制与影响的。某一个行为系统工作时可能会激活另一个行为系统,也可能抑制另一个行为系统。比如：当幼儿的警觉—恐惧行为系统被激活时,表示他对周围的环境感到害怕,那么他的依恋行为系统就会被激活,他会寻求依恋对象的保护；相反,当幼儿感到很安全时,他的依恋行为系统的激活程度就会比较低。当幼儿的探索行为系统活跃时,他的依恋行为系统活跃程度就会比较低。因为他能够主动离开依恋对象对周围环境进行探索,一旦环境中的某个事物让他感受到危险,他的依恋系统又会被激活，寻求依恋对象的保护。因此，当母亲希望孩子能够多探索环境时，不应该威胁孩子、孤立孩子（让孩子独立活动），而应该陪在孩子身边，给他足够的安全感，让孩子慢慢融入活动中去。

（五）依恋与分离

婴幼儿与依恋对象分离后会产生分离焦虑，鲍尔贝认为婴幼儿的分离焦虑会经历三个不同的阶段，分别是反抗阶段、失望阶段和超脱阶段。

1. 反抗阶段

此阶段的幼儿会采取各种方式极力地阻止依恋对象与自己分离，比如母亲第一次送孩子去幼儿园，当母亲要离开的时候，孩子会用哭闹、抱住母亲等方式阻止母亲离开，表现出强烈的依恋行为。

2. 失望阶段

当幼儿对依恋对象的亲近行为无法得到满足时，他会慢慢减少反抗行为，从而表现出失望、无助、呆滞的表情。比如母亲第一次送孩子去幼儿园，孩子用哭闹等方法阻止母亲离开，但是母亲还是离开了，孩子对母亲的依恋行为无法得到满足就会表现出明显的失落，哭闹的行为逐渐消失，不愿意理睬人。幼儿对母亲的依恋行为虽然消失了，但是他与母亲的依恋关系依旧存在。此时若是能有一位照料者在母亲离开期间对幼儿进行悉心照料，那么幼儿分离的痛苦会大大减轻。不过该照料者依旧无法替代幼儿对母亲的依恋，只是短时间内把幼儿对母亲的依恋行为转移到了照料者身上。

3. 超脱阶段

幼儿被迫与依恋对象长时间分离，再次重逢后对依恋对象的依恋行为会被抑制，可能表现出拒绝或不感兴趣，不立即表现出强烈的依恋行为，但一段时间后这种状态会被强烈的依恋行为所取代。比如母亲出差一个星期后回家，幼儿在第一眼见到母亲时并不会表现出喜出望外，而是相对平静地继续做自己正在做的事情，一段时间后，幼儿会对母亲表现出强烈的依恋行为，母亲走到哪儿幼儿就跟到哪儿，幼儿还会期待一些身体的接触，比如亲亲、抱抱。

（六）影响依恋的因素

1. 婴儿的气质特点和智力水平

托马斯把婴儿的气质类型分为三类，分别是容易照看型、难以照看型和缓慢活动型。容易照看型的婴儿容易适应新环境、容易接近陌生人，常常表现出积极正向的情绪，比如微笑。这类婴儿能够与母亲形成稳定、融洽的依恋关系。难以照看型的婴儿情绪不稳定，容易吵闹和烦躁，常常表现出消极负面的情绪，比如哭泣。这类婴儿比较容易发生心理问题，与母亲的关系不太融洽。缓慢活动型婴儿适应新环境比较慢，通过成人的带动与引导能够慢慢融入环境，通常表现为比较安静。有智力缺陷的婴儿与母亲的交往比较消极和被动，主动权往往掌握在母亲手中，他们与父母的依恋关系发展较缓慢。

2. 母亲的照看方式

安思沃斯和克拉克-斯图尔特对依恋模式进行了不同的划分，但他们的实验结果却是一样的,即安全型依恋儿童的母亲在各个维度上的得分普遍高于回避型依恋和抗拒型依恋的母亲,前者的照看方式是敏感的、合作的、接受的、易接近的、表达积极情绪的和提供丰富社会性刺激的。这两个实验研究都证实,母亲照看方式的敏感性及教养行为的适应性是儿童安全型依恋形成的中心要素。

3. 照看环境

照看环境主要指母亲在家中照看儿童,直到儿童能独立活动。随着社会的发展,妇女需要在生产劳动和社会生活中发挥越来越重要的作用,照看环境也在不断变化,比如让幼儿入托或请保姆。这些多样化的照看环境也就意味着"母性分离"。绝对的母性分离肯定不利于良好依恋的形成,但短暂的分离是不可避免的。早期研究认为母性分离具有破坏性结果,现在的研究则表明,如果有一个稳定的照看人和刺激丰富的环境,即使在托幼机构中成长的婴儿,他的认知和社会能力一般也不会受到伤害。哈维斯曾提出一个高品质的托幼环境必须具备下列条件:① 照顾者与婴幼儿的比例要合理(每个成人分别负责照顾1—3个婴儿、1—4个幼儿,或1—8个学前儿童);② 照顾者要有亲切、和蔼的态度,能满足婴幼儿引人注意的需求;③ 工作人员离职的情况要少,婴幼儿对成人伙伴才能熟悉而觉得舒服;④ 游戏与活动要适合婴幼儿的年龄;⑤ 工作人员愿意将婴幼儿的各种发展情况告诉父母。若托幼机构都能够达到如此高的品质,那对于忙于工作而无法照看孩子的母亲来说,也是一个不错的选择。

案例7-2

杰米和他的妈妈去朋友家做客。他们被邀请进屋,杰米是一个天生就很自信并擅长社交的孩子,他直接就跑进去找玩具玩了。杰克是一个比较胆小的孩子,他紧紧地挨着他的妈妈打量着这些到他们家的陌生来客。妈妈抱着杰克安慰他并给他足够的时间去接近杰米。很快两个男孩就在一起愉快地玩耍,家长也可以享受美好的品茶时光。这时门铃响了。两个孩子都停止了玩耍并看着他们的妈妈。杰克的妈妈去开门,杰克马上跟着她。妈妈把杰克抱起来,他们一起问候牧师。杰米也向他的妈妈靠近,并仔细地观察。牧师向两个男孩打招呼。杰米试探性地向前移动,并把他的手放在他妈妈的膝盖上以防万一。杰克紧紧地抱着他的妈妈。杰米的妈妈掏出钱包准备把钱给牧师。杰米停止玩耍,看他妈妈做什么。他准备从妈妈那里把钱拿走然后给牧师。牧师离开后,很快两个男孩又开始他们的玩耍了。

案例分析:

由案例可知,杰米和杰克是两个性格不一样的孩子,一个外向一个内向。外向的杰米到了杰克家直接就去找玩具玩了,体现了他目前正处于非常安全和放松的环境下,他可以暂时离开他的依恋对象——母亲。杰克见到杰米的时候由于陌生不敢主动上前,做出"紧紧挨着妈妈"的举动,体现出了他内心的不安和紧张。妈妈马上给予回应,抱着杰克安慰他,并给他足够的时间去接近杰米,这使得杰克得到了一定的安全感,并有足够长的时间来适应环境和判断这个环境是否安全。直到他觉得安全了,就和杰米一起玩耍了。当陌生人牧师来敲门时,杰克紧跟着妈妈,杰米向妈妈靠近并把手放在妈妈的膝盖上,他们都表现出了紧张和不安,所以要向依恋对象靠拢以便随时寻求帮助。两位妈妈在此时也都及时给予了回应,分别抱起孩子和陪伴在孩子边上,在孩子需要的时候给予了足够的安全感。案例中的两个男孩能够用各自不同的方式在不同的时刻向母亲表达自己的安全级别,两位母亲也能根据自己孩子的行为作出积极的回应与支持,所以案例中的两组亲子正在形成安全稳定的亲子依恋关系,两个男孩在成长的过程中也更容易形成对他人的信赖。

(资料来源:J.S.戈尔丁,D.A.休斯.创造爱的依恋[M].
哈尔滨:黑龙江教育出版社,2016:15—16.)

三、同伴的相互作用理论

儿童在成长过程中会与他人形成两种关系:一种是垂直关系,指的是比儿童拥有更多知识和更大权力的成人与儿童之间形成的关系;另一种是水平关系,指的是与儿童拥有相同知识和权利的同伴之间形成的关系。这两种关系在儿童的成长过程中是相辅相成的,同伴关系与亲子关系一样具有重要的、不可替代的地位。

习性学家在对动物的观察与研究中发现,灵长目动物是社会性很强的动物,他们的群体中有支配等级,这种支配与被支配的关系能够处理群体中的一些问题,如分配各种资源。这种支配等级现象在学前儿童群体中也能看到。斯特拉耶用观察法对学前儿童的自由活动进行观察,发现学前儿童之间有三种类型的社会冲突,分别是身体的攻击、威胁性言行和对物品或位置的争夺。学前儿童的支配与被支配关系在这些社会冲突中得到体现。一般来说,在冲突中获胜的孩子更具备支配性,但处于支配等级的儿童在日常生活中比较不受同伴的欢迎。男孩会比女孩更容易引起争端,但不一定更具备支配性。攻击性行为出现的频率会随着群体稳定性的提高而逐渐降低。

儿童进行同伴交往的其中一个目的就是为了获得资源。随着儿童年龄的增长,儿童所需要的资源在不断发生变化,获得资源的方法也在不断改变。比如:刚出生的婴儿需要的资源是食物与关心,他们主要通过哭声来获得资源;学龄期儿童需要的资源则不仅仅局限于食物,还有玩具、同伴等,他们会通过帮助他人、分享、合作、攻击、争夺、威胁等方法来获得资源。

不同的依恋类型对儿童的同伴交往会有一定的影响。安全型依恋的儿童从小就有稳定的依恋关系，他们对外部世界持信任的态度，他们喜欢帮助人，对待同伴友善，不容易产生攻击性行为，所以他们在同伴中最受欢迎。非安全型依恋包括回避型依恋和矛盾型依恋，这个类型的儿童在婴幼儿时期没有形成稳定的依恋关系，他们无法从外部世界获取足够的安全感和信任感，在同伴交往中比较被动，比较容易产生攻击性行为，显得不是特别合群，所以他们比较容易遭到同伴的拒绝或是得到同伴的消极反馈。

案例7-3

婷婷，4周岁，刚进幼儿园的很长一段时间里，一直不能离开妈妈，只要妈妈一离开，就大哭不止，不肯进教室。妈妈走了很久以后还是哭闹不止，一直到哭累了才会停下来。当老师看着她的时候她会很腼腆地低着头，一声不吭。在幼儿园里很少和其他的小朋友们一起活动，不参加游戏也不玩玩具，在幼儿园里其他的小朋友都会聚在一起过家家，玩滑梯，做游戏，但是她却很少说话，总是沉默不语，也不合群，总感觉缺少小孩子应有的活泼和活力。

案例分析：

刚进幼儿园的小朋友不愿意离开妈妈而哭闹是很正常的，但是案例中婷婷的这种情况持续时间很长。经了解，婷婷从小就很少和父母待在一起，没有形成稳定的亲子依恋关系。婷婷从小就缺乏安全感，遇到新的环境不敢进行探索，而是表现出退缩的行为，属于非安全型依恋中的回避型依恋。她无法融入同伴，在同伴交往活动中比较被动，社会性发展也会受到很大影响。可见稳定的亲子依恋关系对儿童的影响是非常大的。

（资料来源：陈国鹏.依恋——人生之安全港湾［M］.上海：华东师范大学出版社，2015：71.）

第三节　对习性学发展理论的评析

一、贡献

（一）为认识和比较社会文化层次的适应提供了新视角

习性学通过观察和研究不同物种的行为，发现物种的行为大都是为了适应环境。但是人类与其他物种不同，其他物种的行为大都是为了适应生存这一目的，而人类为了活着这一目的而产生的行为比较少，更多的是为了适应社会文化。

比较也是习性学的一个重要概念。习性学主要是对各个物种进行比较，了解什么时候会出现某种行为，什么时候不会出现某种行为，再结合不同的文化背景就可以对这种行为有所理解。比如：为什么现代人的近视情况那么严重，而古代的人们视力很好？通过习性学的比较研究可以得知，两个时代的人的生存环境大不相同。古代的人们为了生存，为了防止被野兽攻击，必须时刻警觉，要能看到远距离之外是否有会威胁到自己生命的东西，在这种背景下，只有视力好的人才能存活下来。而现代的人们基本不需要为了生存而拥有良好的视力，视力也就慢慢退化了。

（二）推动了发展心理学的方法论的进步

习性学主张在自然的环境中观察动物的行为，并注重个体与环境之间的相互作用。而发展心理学家则更偏向于用问答和实验的方法来做研究。对于儿童而言，在一个陌生的环境中与一个陌生人对话，他的回答并不能很好地反映真实情况，很可能由于紧张等原因而大打折扣。对于更小的孩子而言，他们甚至还不能很好地用语言去表达他们想要表达的内容，这个时候习性学的观察法就对发展心理学做了很好的补充。现在有越来越多的发展心理学家接受了习性学家的建议，注意在一个自然的环境中去观察儿童的行为，提高研究的科学性。

二、局限

（一）理论的局限性

习性学理论大都停留在描述阶段，缺乏对机制的解释。比如关键期理论，习性学能够对关键期作出具体描述，即某个技能在特定时期能够最快速、最容易地得到发展，这个时期就叫关键期。但是关键期是如何产生的？为什么会有关键期？关键期适用于所有物种吗？这些问题都还需要进一步研究。

习性学的另一个理论局限在于它强调对行为的考察，研究内容不够全面，比如人类的心理活动并不会一直表现在行为上。习性学家用观察法是无法对人类的心理活动进行深入研究的，因此习性学在研究内容上还存在着局限性。

（二）方法的局限性

由于习性学家是以研究动物的行为为主的，研究动物时会用到剥夺实验或者母子分离等方法，但是这些方法于情于理都无法运用到儿童身上，所以在迁移到对人类的研究的时候，习性学的方法存在很大的局限性。另外，习性学强调的观察行为需要在自然的环境中进行，但是对于儿童来说，究竟怎样的环境是自然的，研究者又需要如何融入这个环境中去观察儿童，研究者的加入是否就会打破自然的环境，这些问题都还值得进一步探讨。

本章小结

本章重点介绍了三个理论，分别是关键期理论、依恋理论和同伴的相互作用理论。在婴幼儿的成长过程中有许许多多的关键期，利用好这些关键期，提供与关键期协同一致的环境会给婴幼儿的发展带来较为积极的影响。依恋关系与同伴关系分别为婴幼儿的垂直关系与水平关系，拥有安全稳定的亲子依恋关系和健康适宜的同伴关系会给婴幼儿的发展带来较为积极的影响。能否在关键期形成依恋关系会影响依恋的质量，而不同的依恋类型则会影响婴幼儿的同伴交往情况，可见这三者是环环相扣、紧密相连的。如何能够最大程度地促进婴幼儿的发展，使其更加适应环境是习性学所关注的问题。

延伸学习

玛丽亚·蒙台梭利（M. Montessori, 1870—1952）出生于意大利安科纳省的希亚拉瓦莱小镇，是20世纪意大利著名的儿童教育家。

虽然蒙台梭利是家中的独生女，但由于父亲是保守、严谨的军人，母亲是虔诚的天主教徒，因此蒙台梭利从小便养成自律、自爱的独立个性，以及热忱助人的博爱胸怀。她秉性聪慧，擅长数学，并对自然科学领域有着浓厚的兴趣。早年，她将对自然科学的兴趣及同情弱者的爱心结合起来，立志研究医学，随后进入罗马大学医学院学习。1896年，她以第一名的优异成绩毕业于罗马医学院，成为意大利的第一位女医学博士。这时她才26岁。

蒙台梭利于罗马大学毕业后，由于当时社会对女性的歧视，她仅被聘为精神病诊所的助理医师。不过，这份工作却促使蒙台梭利对教育萌发了热忱，也是她献身儿童教育的起点。因为这期间她接触到精神病院里的智障儿童（当时的医院将精神病患与智障者同置一处），在与他们的相处中，她开始研究智障儿童的医疗与教育问题，进而得出"智能不足是教育上的问题，而非医学上的问题"。她设计出一套针对智障儿童的训练方案，获得了巨大的成功。由于她的发现与研究成果，两年后她被聘为启智学校的校长，这更加强了她研究儿童教育的决心。

由于蒙台梭利成功地使低能儿童学会了读和写，她因此思考相同的方法如果应用在正常儿童身上，必能将他们的灵魂从僵硬的传统教学中解放出来，并或许使他们在心智成长上有更令人惊喜的表现。于是，蒙台梭利开始认真地研究正常儿童的教育问题。她发现大多数正常儿童的心智不是被压抑，就是被错误地教育，再或是启蒙教育开始得太晚，导致了儿童行为的偏差。这时，一种帮助儿童正常化的使命感油然而生。因此，她为自己的人生做了一次大抉择：辞离校长职务，决心重新回到大学研习，重新出发，进修教育学、实验心理学、人类学、哲学等课程，了解并且研究人类成长的自然法则和儿童成长的秘密，为教育未来的"新人类"积极地向前迈开大步。她的这一步，就如哥伦布当年在汪洋大海中朝向一个无法预知的未来扬起风帆最终发现了一个新世界一样发现了儿童成长和心灵的奥秘。

之后,蒙台梭利于1907年在罗马创办了第一所"儿童之家",将进一步完善了的方案运用于正常儿童,逐渐形成了一套比较完善的教育理念和幼儿教育方法。由于"儿童之家"获得了不可思议的良好教学成果,蒙台梭利的名字很快响遍全球。她的科学幼教也快速地传播到世界的每一个角落,成为20世纪儿童教育最重要的改革家。1909年,蒙台梭利第一本叙述"儿童之家"教学活动的著作《蒙台梭利教学法》出版,在各国幼教界引起了强烈的反响。

1914年后,两次世界大战相继爆发,在艰难的年代里,蒙台梭利研究和服务儿童的热忱并没有降低,她不断地在世界各地讲学,推动与协助儿童之家的设立,一直到1952年逝世,享年82岁。

蒙台梭利在实验、观察和研究的基础上形成了对世界教育带来革命性变革的蒙氏早期教育法,赢得了各国同行的尊敬和崇高的评价。她的著作《蒙台梭利儿童教育手册》《童年的秘密》《发现孩子》《吸收性心智》等被译成37种语言在各国广泛流传开来。许多国家还设立了蒙台梭利协会或蒙台梭利培训机构,以她的名字命名的蒙台梭利学校遍及110多个国家。而她本人也被赞誉为"20世纪赢得世界公认的推进科学和人类进步的最伟大的科学家之一"。

一个世纪以来,蒙台梭利教育虽然几经沉浮,但至今仍活跃在世界教育的舞台上,成为国际上几个著名的早期教育模式之一,其理念还渗透到其他各种模式之中。

 学习活动

1. 尝试观察、记录3—5名幼儿的依恋关系,并分析影响这些幼儿依恋关系形成的因素。
2. 尝试调查不同的依恋关系类型对幼儿同伴交往的影响。

复习与思考

1. 学习了敏感期理论,你如何理解"幼儿园教育小学化"的现象和"不要让孩子输在起跑线上"这一说法?
2. 尝试用依恋理论帮助幼儿克服分离焦虑,举例说明。
3. 简述不同的依恋类型对同伴交往的影响,试着分析产生不同结果的原因是什么。

参 考 文 献

［1］贾云丞,张大均.婴儿面孔偏好的研究进展［J］.心理学进展,2016,6(9):958—965.
［2］卢文格.自我的发展［M］.韦子木,译.杭州:浙江教育出版社,1998.
［3］贝克.婴儿、儿童和青少年［M］.桑标,译.上海:上海人民出版社,2008.
［4］王振宇.儿童心理发展理论［M］.上海:华东师范大学出版社,2000.
［5］王振宇.心理学教程［M］.北京:人民教育出版社,2011.
［6］顾明远.教育大辞典2:师范教育、幼儿教育、特殊教育［M］.上海:上海教育出版社,1990.
［7］李国庆.现代欧美教育科学化运动的一个基石——儿童研究运动之研究［D］.南京:南京师范大学,2006.
［8］王金奎.格塞尔的儿童心理学思想研究［D］.南京:南京师范大学,2005.
［9］格莱因.儿童心理发展的理论［M］.计文莹,译.长沙:湖南教育出版社,1983.
［10］方富熹,方格.儿童发展心理学［M］.北京:人民教育出版社,2005.
［11］王振宇.儿童心理发展理论［M］.上海:华东师范大学出版社,2016.
［12］张丽.彤彤的分享［J］.幼儿教育,2017(z2):16.
［13］W.C.格莱因.儿童心理发展的理论［M］.计文莹,译.长沙:湖南教育出版社,1983.
［14］洛克.人类理解论［M］.北京:商务印书馆,1959.
［15］北京大学哲学系外国哲学史教研室.西方哲学原著选读(上卷)［M］.北京:商务印书馆,1981.
［16］蒙莉.洛克经验主义认识论及其影响［D］.桂林:广西师范大学,2004.
［17］黎黑.心理学史［M］.上海:上海译文出版社,1990.
［18］郭本禹,郭德侠.实证主义与心理学方法论［J］.西北师大学报(社会科学版),1998,35(4):72—77.
［19］朱海燕,张锋.机能主义心理学:从芝加哥学派到哥伦比亚学派［J］.楚雄师专学报,2001,16(2):63—66.
［20］华生.华生氏行为主义［M］.陈德荣,译.北京:商务印书馆,1935.
［21］汪罗.班杜拉:社会学习理论的奠基者［J］.当代电力文化,2014(7):90—91.
［22］蒋晓.A.班杜拉及其社会学习说［J］.国外社会科学,1987(3):61—63.
［23］班杜拉.社会学习心理学［M］.郭占基,周国韬,译.长春:吉林教育出版社,1988.
［24］唐卫海,杨孟萍.简评班杜拉的社会学习理论［J］.天津师大学报(社会科学版),1996(5):30—34.
［25］叶浩生.论班杜拉观察学习理论的特征及其历史地位［J］.心理学报,1994,26(2):201—207.
［26］张厚粲.行为主义心理学［M］.台北:东华书局,1997.
［27］李晶晶.班杜拉社会学习理论述评［J］.沙洋师范高等专科学校学报,2009,10(3):22—25.
［28］尼采.反基督［M］.陈君华,译.石家庄:河北教育出版社,2003.
［29］弗洛伊德.梦的解析［M］.陈放,译.西安:陕西人民出版社,1987.
［30］弗洛伊德.梦的解析［M］.罗林,译.北京:九州出版社,2004.

［31］弗洛伊德.弗洛伊德后期著作选［M］.林尘,译.上海:上海译文出版社,1986.

［32］弗洛伊德.精神分析纲要［M］.刘福堂,译.合肥:安徽文艺出版社,1987.

［33］弗洛伊德.精神分析引论新编［M］.高觉敷,译.北京:商务印书馆,1987.

［34］弗洛伊德.精神分析引论［M］.高觉敷,译.北京:商务印书馆,1984.

［35］车文博.弗洛伊德主义原著选集(上)［M］.沈阳:辽宁人民出版社,1988.

［36］霍妮.精神分析新法［M］.雷春林,译.上海:上海译文出版社,1999.

［37］郭本禹.精神分析发展心理学［M］.福州:福建教育出版社,2009.

［38］霍妮.精神分析的新方向［M］.梅娟,译.南京:译林出版社,2016.

［39］李其维.论皮亚杰的心理逻辑学［M］.上海:华东师范大学出版社,1990.

［40］布林格尔.皮亚杰访谈录［M］.刘玉燕,译.台北:书泉出版社,1996.

［41］左任侠,李其维.皮亚杰发生认识论文选［M］.上海:华东师范大学出版社,1991.

［42］皮亚杰.儿童的早期逻辑［M］.陆有铨,译.济南:山东教育出版社,1987.

［43］奥布霍娃.皮亚杰的概念［M］.史民德,译.北京:商务印书馆,1988.

［44］刘金花.儿童发展心理学［M］.上海:华东师范大学出版社,2006.

［45］维果斯基.维果茨基教育论著选［M］.余震球,选译.北京:人民教育出版社,1994.

［46］屠美如.儿童发展的新皮亚杰理论及教学应用［J］.心理发展与教育,1993(1):30—35.

［47］弗拉维尔.认知发展［M］.邓赐平,译.上海:华东师范大学出版社,2002.

［48］卢里亚.神经心理学原理［M］.汪清,译.北京:科学出版社,1983.

［49］罗秀珍.维果斯基的理论要义及其教育启示［J］.中国音乐教育,2003(3):35—37.

［50］郭力平,蒋路易.支持幼儿学习与发展的"最近发展区"视角［J］.学前教育,2017(04):28—29.

［51］曹亮,马尾娜.依恋研究简述［J］.社会心理科学,2007(z4):41—43.

［52］张惠丽.洛伦茨及其习性学对心理学的影响［J］.企业技术开发,2009,28(8):125—126.

［53］赵心,刘定震.动物行为学家——尼可拉斯·廷伯根［J］.自然杂志,2008,30(6):364—367.

［54］高娇.鲍尔比的依恋理论简介及其现实意义［J］.社会心理科学,2012,27(6):16—20.

［55］陈国鹏.依恋:人生之安全港湾［M］.上海:华东师范大学出版社,2015.

［56］D.R.谢弗.社会与人格发展［M］.林翠湄,译.台北:心理出版社,1995.

［57］G.S.戈尔丁,D.A.休斯.创造爱的依恋［M］.付荣华,王梦慧,译.哈尔滨:黑龙江教育出版社,2016.

［58］秦金亮,黎安林,李齐杨.儿童发展通论［M］.北京:新时代出版社,2008.

［59］汪玲,郭德俊.元认知的本质与要素［J］.心理学报,2000(4):458—463.

［60］姜英杰.元认知:理论质疑与界说［J］.东北师大学报(哲学社会科学版),2008(2):135—140.

［61］李洪玉,尹红新.儿童元认知发展的研究综述［J］.心理与行为研究,2004(01):383—387.

［62］朱秀杰.试论前苏联心理学发展过程中的两种理论倾向［D］.长春:吉林大学,2006.

［63］邓赐平.儿童心理理论的发展［M］.杭州:浙江教育出版社,2008.

［64］A. R. Jensen. How much can we boost IQ and scholastic achievement?［J］. Harvard Educational Review, 2012, 39(1): 1—123.

［65］J. M. Mandler. Seeing is not the same as thinking: Commentary on "Making sense of infant categorization"［J］. Developmental Review, 1999, 19(2): 297—306.

［66］L. M. Oakes, D. J. Coppage, A. Dingel. By land or by sea: The role of perceptual similarity in infants' categorization of animals［J］. Developmental Psychology, 1997, 33(3): 396—407.

［67］L. B. Cohen, C. H. Cashon. Infant object segregation implies information integration［J］. Journal of Experimental Child Psychology, 2001, 78, (1): 75—83.

［68］S. R. Waxman. Links between object categorization and naming［M］. New York: Oxford University Press, 2003.

［69］A. Slater, P. C. Quinn. Face recognition in the newborn infant［J］. Infant and Child Development, 2001, 10, 21—24.

［70］D. A. Dewsbury. Comparative psychology and ethology: A reassessment［J］. American Psychologist, 1992(47) 47, 208—215.

［71］M. H. Bornstein. Sensitive periods in development：structural characteristics and causal interpretations［J］. Psychological Bulletion, 1989, 105(2): 179—197.

后 记

随着"全面两孩政策"贯彻实施，0—3岁婴幼儿保育教育问题得到了社会各界广泛的关注与讨论。一方面，家庭亟须专业支持与指导；另一方面，现有的公共托育服务机构远远无法满足实际需要。为了更好地服务家庭、提升0—3岁婴幼儿保育教育质量，国家积极制定、颁布纲领性文件，加强对我国0—3岁婴幼儿保育教育的规范和管理。为了响应国家的政策，顺应社会发展的需要，促进我国0—3岁婴幼儿保育教育事业更好更快地发展，上海科技教育出版社积极发起并组织全国部分高校长期从事早期教育的专家学者，编写了一套关于0—3岁婴幼儿保育教育的丛书，并且邀请参与讨论、制定相关文件的专家对本套丛书进行审核，力求保证本套丛书具有鲜明的理念引领性、教育科学性和实践指导性。

婴幼儿保育教育质量关系到人一生的身心健康，但是要顺利实施科学有效的保育教育却是非常困难的。一方面，目前关于婴幼儿保育教育的理论阐释还比较少，没有形成完善的理论体系。为了弥补这一缺憾，本套丛书的编者广泛收集国内外相关资料开展深入研究，深入浅出地阐释了婴幼儿动作、语言、认知、情感与社会性、心理等方面发展的相关理论。同时，结合托育服务机构多年的实践经验，撰写了大量的教育教学活动观察案例，辅助实施保育教育活动的教师更好地理解和运用。另一方面，由于0—3岁的婴幼儿还不能完全表达自己的需要与情感，对于教师和家庭的主要抚养者而言，如何准确地觉察他们的需要和情感，提供适宜的支持性环境显得至关重要。因此，本套丛书从实践需要出发，就婴幼儿行为观察、婴幼儿家庭保育教育、特殊婴幼儿的保育教育等方面进行翔实的阐述，以期对家庭和早教机构起到积极的指导作用。与此同时，为了更好地推动我国0—3岁早期教育健康发展，提升0—3岁婴幼儿保育教育质量，本套丛书还对如何研究婴幼儿身心发展、如何推进家庭保育教育、如何管理早教机构等问题进行了思考与总结，相信这些努力会对0—3岁婴幼儿保育教育发展产生广泛而深远的影响。

本套丛书的组织编写与出版凝聚了许多人的心血与热情，也得到了多方面的帮助与支持，正是基于此，本套丛书才能按时顺利出版。在此，首先感谢丛书的所有编者们，大家对于丛书的编写倾注了大量的心血和努力。其次，感谢上海科技教育出版社领导的理解与支持，感谢有关编辑为本套丛书的出版付出了大量的精力与时间。同时，也要感谢幼教界同仁们的关心和鼓励。此外，丛书中还引用了国内外同行的研究成果，在此一并表示衷心的感谢。由于时间紧张，难免有不妥之处，敬请批评指正，以期不断修正、完善。

中国学前教育研究会教师发展专业委员会

张明红

2017年7月于华东师范大学